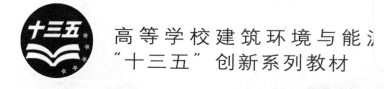

高等学校建筑环境与能源应用工程
"十三五"创新系列教材

建筑环境与能源系统测试技术

主编 孙志强 宋彦坡

中南大学出版社
www.csupress.com.cn 长沙

图书在版编目(CIP)数据

建筑环境与能源系统测试技术／孙志强，宋彦坡主编. —长沙：中南大学出版社，2021.4

高等学校建筑环境与能源应用工程专业"十三五"创新系列教材

ISBN 978-7-5487-4381-1

Ⅰ. ①建… Ⅱ. ①孙… ②宋… Ⅲ. ①建筑工程—环境管理—系统测试—高等学校—教材②能源管理系统—系统测试—高等学校—教材 Ⅳ. ①TU-023②TK018

中国版本图书馆 CIP 数据核字(2021)第 059729 号

建筑环境与能源系统测试技术

主编 孙志强 宋彦坡

□责任编辑	刘颖维			
□责任印制	周　颖			
□出版发行	中南大学出版社			
	社址：长沙市麓山南路		邮编：410083	
	发行科电话：0731-88876770		传真：0731-88710482	
□印　　装	长沙印通印刷有限公司			

□开　　本	787 mm×1092 mm 1/16	□印张 12.5	□字数 317 千字		
□版　　次	2021 年 4 月第 1 版	□2021 年 4 月第 1 次印刷			
□书　　号	ISBN 978-7-5487-4381-1				
□定　　价	48.00 元				

 # 前 言
Preface

  本书是建筑环境与能源应用工程专业的技术基础课程教材,比较全面地阐述了建筑环境与能源系统测试的相关理论知识和主要测量技术。全书共分为 11 章,主要介绍建筑环境与能源应用工程中常见参数的测量原理、专门技术、典型仪表及其选择和使用方法,具体包括测试技术基础、测量误差及处理方法、温度测量技术、湿度测量技术、压力测量技术、物位测量技术、流速与流量测量技术、热量测量技术、环境品质测量技术、显示仪表、智能仪表与软测量技术等内容。通过本书的学习,读者可以基本掌握建筑环境与能源应用工程专业常见参数的测量方法和装置,并能够初步应用这些方法和装置设计开发测量系统以完成实际的测试任务。

  本书在编写时特别注重理论介绍与实际应用相结合。由于本书涉及的内容比较多,并且主要面向本科生的课程教学,因此,在每一章中只能介绍某一参数测量的基本概念和基本方法,读者可根据自己的需要进一步阅读其他方面的参考书。在教学安排上,教师可有重点地介绍书中一部分内容,其余部分可采用开放式、研讨式等教学方式进行。本书还可作为能源动力、新能源、环境化工等能源相关专业高年级本科生的学习用书,以及从事参数检测的工程技术人员和研究工作者的参考用书。

  本书第 1 至 6 章由孙志强编写,第 7 至 11 章由宋彦坡编写,石为之、刘旭和李东阳参加了部分初稿的编写和配图的绘制。全书由孙志强统稿并定稿。

  在编写过程中,参考了很多建筑环境测试、热工测量与仪表等方面的教材,这些教材对本书基本框架的形成提供了有益的启发,特此深表谢意。在具体内容的编写过程中,中南大学能源科学与工程学院的有关老师提出了很多很好的建议,使本书增色不少,在此一并表示感谢。

  由于作者水平有限,书中错误、不妥之处在所难免,敬请读者批评指正。

编者

2021 年 3 月

目 录
Contents

第 1 章　测试技术基础

　　测试是人们对自然界中客观事物取得数量观念的认知过程。在这一过程中，人们借助专门工具，通过试验和对试验数据的分析处理，获得对客观事物的定量概念和内部规律的认识。具体而言，测试是具有试验性质的测量，是为了一定的目的而进行测量和试验的全过程。测试的实质就是测量，测量是以确定被测对象的属性的量值为目的而进行的实验过程。但严格来说，两者亦存在不同之处，测量是一个实验过程，包含着试验的过程，具有很大程度的探索性，其解决的往往是科研生产中的具体实际问题。而途径和方法一般都是已经确定的，其解决的问题是确定量值的大小；本书作为学习测试技术的入门教材，后续部分不对测试和测量概念做严格区分。

1.1　建筑环境与能源系统测试概述

　　"建筑环境与能源系统测试技术"课程是建筑环境与能源应用工程专业的一门重要的技术基础课。通过本课程的学习，要求掌握温度、湿度、压力、液位、流速和流量、热量、环境品质等常规热工参数和建筑环境特有参数的测量方法、测量仪表与测量系统，以及测量结果的误差分析与数据处理等基础知识。这些知识对于后续很多专业课程的学习也具有重要的指导作用，比如，在专业设计中需要确定气象参数、建筑参数、工艺参数和工程系统的设备性能等，在暖通空调中需要对空调机组、新风机组的热工性能进行测试，在建筑相关工作中需要对建筑节能材料、建筑热工产品等的性能进行检定。

　　随着科学技术的进步，测试技术已经发展成为一门相对完整独立的学科，与传感技术、计算机及信息技术、应用数学及自动控制等理论的学科进行了深度交叉融合。一方面，现代科学技术各领域的进展及其对测试技术提出的新要求，支撑和推动了测试技术的发展。另一方面，现代测试方法和测试系统的不断完善提高又反过来促进了科学技术的发展，测试技术的发展为各项科学技术的研究提供了坚实的基础信息获取手段，通过大量基础信息的挖掘，促进了新现象的发现、新理论的建立和新技术的发明。

1.2　测量的基本概念与意义

1.2.1　测量和检测

测量的目的是获取被测对象属性的量值，其基本过程为采用实验的方法将被测量与同性质的标准量进行比较，确定两者的比值，从而得到被测量的量值。欲使测量结果有意义，测量必须满足以下要求：

①用来进行比较的标准量是国际上或我国所公认的，且性能稳定。

②进行比较所用的方法和仪器必须经过验证。

测量的数学表达形式为：

$$L = X/U \tag{1-1}$$

式中：X 为被测量，也称被测参数；U 为标准量；L 为比值，又称为测量值。

由式（1-1）可知，L 的大小随选用的标准量的大小而变化。为了正确反映测量结果，须在测量值的后面标明标准量的单位。

在科学研究和生产实践中，还常遇到"检测"这一概念。检测是意义更为广泛的测量，是检验和测量的统称。检验可以是检定被测量的有无，也可以是分辨被测量的取值范围，以此来对被测量进行诸如是否合格等判断。因此，检测的结果可以是具体的量值，也可以是"有"或者"无"的信息。

1.2.2　测量的构成要素

一个完整的测量通常包含六个要素：①测量对象和被测量；②测量环境；③测量方法；④测量单位；⑤测量资源（包括测量仪器及辅助设施、测量人员等）；⑥数据处理和测量结果。例如，用玻璃水银温度计测量室温，在该测量中，测量对象是房间，被测量是温度，测量环境是常温常压，测量方法是直接测量，测量单位是℃，测量资源包括玻璃水银温度计和测量人员，经误差分析和数据处理后，获得的测量结果为 $t = (20.1 \pm 0.02)$℃。

1.2.3　测量的意义

人类的知识许多都是依靠测量得到的。在科学技术领域内，许多新发现、新发明往往是以测量技术的发展为基础的，测量技术的发展推动着科学技术的前进。在生产活动中，新工艺、新设备的产生，也依赖于测量技术的发展水平。而且，可靠的测量技术对于生产过程自动化、设备安全经济运行都是不可或缺的先决条件。无论是在科学实验中还是在生产过程中，一旦离开了测量，都必然会给工作带来巨大的盲目性。只有通过可靠的测量，正确地判断测量结果的意义，才有可能进一步解决自然科学和工程技术上的问题。俄罗斯科学家门捷列夫在论述测量的意义时曾说过，"没有测量，就没有科学"，"测量是认识自然界的主要工具"。英国科学家库克也认为"测量是技术生命的神经系统"。科学的进步，生产的发展，与测量理论、技术、手段的发展和进步是相互依赖、相互促进的。测量技术水平是一定历史时期内一个国家科学技术水平的一面镜子。

1.3 测量方法

测量方法是指为了得到所需要的被测量量值采用的技术途径。按照结果产生的方式来分类，测量方法可分为直接测量法、间接测量法和组合测量法。

1.3.1 直接测量法

直接测量是指将被测量直接与选用的标准量进行比较，或者用预先标定好的测量仪器进行测量测量方法。直接测量过程简单迅速，是工程测量中广泛应用的测量方法。对于稳定的物理量，直接测量常用的方法有如下几种：

①直读法。用度量标准直接比较，或从仪表上直接读出被测量的绝对值，如用刻度尺直接测量长度等。

②差值法。从仪表上直接读出两量之差值作为所求之量，如用 U 形液柱式差压计测量介质的压差等。

③替代法。用已知量替代被测量，即调整已知量，使两者对仪表的影响相等，此时被测量等于已知量，如用光学高温计测量温度等。

④零值法。使被测量对仪表的影响与同类的已知量的影响相抵消，则被测量便等于已知量，如用天平秤测定物质的质量等。

1.3.2 间接测量法

间接测量是利用直接测量的量与被测量之间的函数关系（可以是公式、曲线或表格等）间接得到被测量的量值的测量方法。例如，需要测量电阻上消耗的直流功率 P，可以通过直接测量电压 U 和电流 I，而后根据函数关系 $P=UI$，经过计算，间接获得功率 P。间接测量费时费事，通常只在不便直接测量、间接测量的结果较直接测量更为准确或缺少直接测量仪器等情况下使用。

1.3.3 组合测量法

当某项测量结果需用多个未知参数表达时，可通过改变测量条件进行多次测量，再根据测量的量与未知参数之间的函数关系列出方程组并求解，进而得到未知量，这种测量方法称为组合测量。一个典型的例子是电阻器电阻温度系数的测量。已知电阻器阻值 R_t 与温度 t 满足关系：

$$R_t = R_{20} + \alpha(t-20) + \beta(t-20)^2 \tag{1-2}$$

式中：R_{20} 为 $t = 20℃$ 时的电阻值，一般为已知量；α、β 为电阻的温度系数；t 为环境温度。

为了获得 α、β 值，可以在两个不同的温度 t_1、t_2 下（t_1、t_2 可由温度计直接测得）测得相应的电阻值 R_{t1}、R_{t2}，代入式（1-2）可得到联立方程：

$$\begin{cases} R_{t1} = R_{20} + \alpha(t_1 - 20) + \beta(t_1 - 20)^2 \\ R_{t2} = R_{20} + \alpha(t_2 - 20) + \beta(t_2 - 20)^2 \end{cases} \quad (1-3)$$

求解联立方程（1-3），就可以得到 α、β 值。如果 R_{20} 未知，则可在三个不同的温度 t_1、t_2、t_3 下，分别测得相应电阻值 R_{t1}、R_{t2}、R_{t3}，列出由三个方程构成的方程组并求解，进而得到 R_{20} 值。

在实际测量时，测量方法的选择要综合各方面的因素，如被测量本身的特征、所要求的测量精度、测量现场的环境、现有的测量设备等。并在此基础上，选择合适的测量方法和测量仪器。不应简单地认为，只要使用精密的测量仪表，就能获得准确的测量结果。

1.4   测量分类

测量方法除了按照测量结果的产生方式进行分类外，还可以根据测量中的其他因素进行分类。

1.4.1   静态测量和动态测量

根据被测对象在测量过程中所处的状态，可以把测量分为静态测量和动态测量。静态测量是指在测量过程中可以认为被测量是固定不变的，因此不需要考虑时间因素对测量的影响。日常所接触的绝大多数测量都是静态测量。动态测量是指被测量在测量期间会随时间（或其他影响量）发生变化，如弹道轨迹的测量、环境噪声的测量等。

相对于静态测量，动态测量更为困难。这是因为测量系统的动态特性对测量的准确度有很大影响。实际上，绝对不随时间而变化的量是不存在的，通常把那些变化速度相对于测量速度十分缓慢的量的测量，简化为静态测量。

1.4.2   等精度测量和不等精度测量

根据测量条件是否发生变化，可以把对某测量对象的多次测量分为等精度测量与不等精度测量。等精度测量是指在测量过程中测量仪表、测量方法、测量条件和操作人员等都保持不变的测量方法。因此，对同一被测量进行的多次测量结果，可认为具有相同的信赖程度，应按同等原则对待。不等精度测量是指在测量过程中测量仪表、测量方法、测量条件或操作人员中的某一个或某几个因素发生变化，使得测量结果的信赖程度不同的测量方式。对不等精度测量的数据应按不等精度原则进行处理。

1.4.3　工程测量和精密测量

根据对测量结果要求的不同，可以把测量分为工程测量和精密测量。工程测量是指对测量误差要求不高的测量。用于这种测量的仪表设备的灵敏度和准确度比较低，对测量环境没有严格要求。因此，对测量结果一般只需给出测量值。精密测量是指对测量误差要求比较高的测量。用于这种测量的仪表设备应具有较高的灵敏度和准确度，其示值误差的大小一般需经计量检定或校准。在相同条件下对同一个被测量进行多次精密测量，其测得的数据一般不会完全一致。因此，对于这种测量往往需要基于误差理论，合理地估计其测量结果，包括最佳估计值及其分散性大小。有的场合还需要根据约定的规范对测量仪表在额定工作条件和工作范围内的准确度指标是否合格做出合理判定。精密测量一般是在符合一定测量条件的实验室内进行的，其测量的环境和其他条件均要比工程测量严格，所以又称为实验室测量。

此外，根据传感器测量原理的不同，可将测量方法分为电磁法、光学法、超声法、微波法、电化学法等。根据敏感元件是否与被测介质接触，可分为接触式测量与非接触式测量。根据测量的比较方法，可分为偏差法、零位法和微差法。

1.5　测量仪表概述

测量仪表是将被测量转换成可供直接观察的指示值或等效信息的器具。测量仪表是实现测量过程的物质手段，是测量方法的具体化，它使被测量经过一次或多次的信号或能量形式的转换，再由仪表指针、数字或图像等显示出量值，从而实现被测量的测量。

1.5.1　测量仪表的组成

测量仪表一般由敏感元件、变换元件、显示元件和传输通道等基本环节组成，如图 1-1 所示。

图 1-1　测量仪表的组成示意图

（1）敏感元件

敏感元件是测量仪表直接与被测对象发生联系的部分，其作用是感受被测量的变化并产生一个与被测量呈某种函数关系的输出信号。测量仪表获取信号的质量很大程度上取决于敏感元件的性能。在理想情况下，敏感元件不干扰或尽量少干扰被测对象的状态，仅对被测量的变化敏感，且输出信号与被测量之间呈稳定的单值函数关系。而实际上的敏感元件很难完全满足上述条件。

（2）变换元件

变换元件是敏感元件与显示元件中间的部分，其作用是将敏感元件输出的信号变换成显示元件易于接收的形式。在大多数情况下，敏感元件的输出信号是某种物理量（如位移、压差、电阻、电压等），它们在性质和强弱上与显示元件所能接收的信号有所差异。因此，变换元件对敏感元件输出信号的变换通常包括信号物理性质上的变换和信号数值上的变换。对于变换元件，不仅要求它性能稳定、精确度高，而且应使信息损失小。

（3）显示元件

显示元件是测量系统中直接与测量人员发生联系的部分。其作用是向测量人员指出被测量在数量上的变化，它可以对被测量进行指示、记录，有时还带有调节功能，以控制生产过程。根据显示方式的不同，显示元件可分为模拟式、数字式和屏幕式等形式。

①模拟式显示元件。最常见的结构是以指示器与标尺的相对位置来连续指示被测量的数值，也称为指针式显示仪表。其结构简单，价格低廉，但由于测量结果按主观方式读数，故存在视读误差。记录时常以曲线形式给出数据。

②数字式显示元件。数字式显示元件是以数字形式直接给出被测量数值的仪器，克服了模拟式显示元件引起的视读误差。但为了实现模拟量的数字显示，测量信号需进行模数转换，因此，数字式显示元件存在量化误差，量化误差的大小取决于模数转换器的位数。

③屏幕式显示元件。屏幕式显示元件既可以以模拟形式给出指示器与标尺的相对位置，也可以直接以数字形式给出被测量的数值。屏幕显示具有形象性和易于读数等优点，并能在屏幕上同时显示出大量数据，便于比较判断。

（4）传输通道

传输通道包括导线、导管及信号所通过的空间，作用是为各个环节的输入、输出信号提供通路。传输通道一般比较简单，容易被忽视。实际上，传输通道的合理选择、布置及匹配可有效防止信号的损失、失真和外界干扰，提高测量的准确度。反之，若传输通道配备不当，往往会导致显著的测量误差，例如，导压管过细过长，容易使信号传递受阻，产生传输迟延，影响动态压力测量精度；导线的阻抗失配，则将导致电压、电流信号的畸变。

1.5.2　测量仪表的分类

按照技术特点或使用范围的不同，测量仪表有多种分类方法。

（1）按被测参数分类

每个测量仪表一般都会被用来测量某个特定的参数，根据这些被测参数的不同，测量仪表可分为温度测量仪表、压力测量仪表、流量测量仪表、物位测量仪表等。

（2）按对被测参数的响应形式分类

根据对被测参数变化的响应的不同，测量仪表可分为连续式测量仪表和开关式测量仪表。前者是指测量仪表的输出值随被测参数的变化而连续改变的仪表，如使用水银温度计测温时，水银因热胀冷缩而导致水银高度随之连续发生变化。后者是指在被测参数整个变化范围内，其输出响应只有两种状态的测量仪表，这两种状态可以是电路的"通"和"断"，也可以是电压或空气压力的"高"和"低"，如冰箱压缩机的间歇启动、电饭煲的自动保温等都是利用开关式温度仪表实现的。

（3）按仪表应用场所分类

根据安装场所有无易燃易爆气体及其危险程度，测量仪表有普通型、隔爆型和本安型之分。普通型仪表不考虑防爆措施，只能用在非易燃易爆场所。隔爆型仪表在内部电路和周围易燃介质之间采取了隔爆措施，允许在有一定危险性的环境里使用。本安型仪表依靠特殊设计的电路保证，在正常工作及意外故障状态下都不会引起燃爆事故，可用在易燃易爆严重的场所。对隔爆型和本安型仪表的具体要求以及相应的等级可参考国家有关标准的规定。

（4）按使用对象分类

根据使用对象的不同，测量仪表有民用、工业用和军事用之分。民用仪表一般在常温常压下工作，对仪表的准确度要求较低。工业用仪表由于应用场合千差万别，一般对仪表的被测对象的温度、压力、腐蚀性有各自的规定，从而出现了许多系列性仪表，如耐高温仪表、耐腐蚀仪表、防水仪表等。工业用仪表一般对仪表的准确度和可靠性均有较高的要求。军事用仪表对性能有更高的要求，除了工业用仪表要考虑的各种因素外，还要特别考虑仪表的抗振性能和抗电磁干扰性能，另外还要求仪表有很高的可靠性和较短的响应时间。

测量仪表可以根据不同原则进行相应的分类，但任何一种分类方法都不可能将所有仪表划分得井井有条，它们之间互有渗透，彼此沟通。

1.5.3 测量仪表的性能指标

测量仪表的性能决定了测量结果的可靠程度，同时也是衡量仪表质量好坏和选择仪表的依据。测量仪表的性能通常分为静态特性和动态特性两个方面。静态特性是指被测量和测量系统处于稳定状态时，仪表的输出量与输入量之间的函数关系。动态特性则反映的是仪表输出值跟随被测量随时间变化的能力，一般应用被测量初始值为 0 作单位阶跃变化时，仪表输出量达到或者接近稳定值的时间来进行评价。分析测量仪表的动态性能往往需要从时域和频域两方面来讨论，并且还要借助一定的动态数学模型，超出了本课程内容的基本要求。因此，本书仅介绍主要静态性能指标。

（1）测量范围和量程

测量范围是指在正常工作条件下，测量仪表能够测量的被测量值的范围，其最小值称为测量下限，最大值称为测量上限。测量上限与测量下限的代数差称为量程。在对某一参数进行测量之前，应对该参数的值做一个大致的估计，使之落在仪表量程之内，最好是落在仪表量程的 2/3~3/4 处。

（2）准确度和准确度等级

准确度又称精度或精度，是指仪表实际测量值与真值相一致的程度，通常采用仪表在全量程范围内产生的最大绝对误差的绝对值与量程之比，记为 R，一般表示为百分数形式，即：

$$R = \frac{\Delta_{max}}{A} \times 100\% \tag{1-4}$$

式中：Δ_{max} 为最大绝对误差，即允许误差；A 为量程。

通常用准确度等级来描述仪表的准确度，其值为准确度去掉百分号后的数字再经过圆整所取的较大的约定值。按照国际法制计量组织的推荐，仪表的准确度等级采用以下数字：1×10^n、1.5×10^n、1.6×10^n、2×10^n、2.5×10^n、3×10^n、4×10^n、5×10^n 和 6×10^n，其中 $n=$

1、0、-1、-2、-3 等。我国的自动化仪表准确度等级有 0.01、0.02、(0.03)、(0.05)、0.1、0.2、0.25、(0.3)、(0.4)、0.5、1.0、1.5、(2.0)、2.5、4.0、5.0 等，其中括号内的准确度等级不推荐采用。一般来说，科学实验用仪表的准确度等级在 0.05 级以上；工业用仪表多为 0.1~5.0 级，其中校验用的标准表多为 0.1 级或 0.2 级，现场用得多为 0.5~5.0 级。仪表的准确度等级通常都用一定的形式表示在仪表的标尺上作为标志，如在 1.5 外加一个圆圈或三角形表示该仪表的准确度等级为 1.5 级。

(3) 灵敏度

灵敏度用以反映测量仪表对被测量变化的敏感程度。将被测量改变时，测量仪表指示值增量 Δy 与被测量增量 Δx 之比定义为灵敏度，记为 S，即：

$$S = \frac{\Delta y}{\Delta x} \tag{1-5}$$

可以看出，灵敏度就是仪表输入-输出特性曲线的斜率。因此，线性测量仪表的灵敏度为常数，而非线性测量仪表的灵敏度则随输入量的变化而变化。灵敏度高的仪表表示在相同输入时具有较强的输出信号，或者从仪表指示值中可读得较多的有效位数。然而，灵敏度并非越高越好，灵敏度越高，则仪表的测量范围越窄，稳定性越差。

(4) 分辨力和分辨率

分辨力是测量仪表能检出的被测量的最小变化量。当被测量的变化小于分辨力时，测量仪表对输入信号的变化无任何反应。对数字仪表而言，如果没有其他附加说明，一般认为该仪表所表示的最后一位数值就是它的分辨力。分辨率的定义为分辨力除以仪表的量程，常以百分比或几分之几的形式表示。

(5) 线性度

线性度是指测量仪表的输入和输出之间保持线性关系的程度。如图 1-2 所示，用全量程范围内仪表的实际输入-输出特性曲线和理想线性输入-输出特性曲线之间的最大偏差值 ΔL_{max} 与量程之比的百分数来表示线性度，因此又称为非线性误差，记为 R_L，即：

$$R_L = \frac{\Delta L_{max}}{A} \times 100\% \tag{1-6}$$

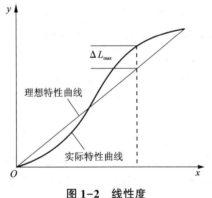

图 1-2   线性度

仪表的实际输入-输出特性曲线通常采用实验标定测量得到。而理想线性输入-输出特性曲线的确定尚无统一的标准，常用的方法有两种：一是两点连线法，如将标定得到的输入-输出特性曲线上通过测量下限和测量上限输出点的连线作为拟合直线；二是利用最小二乘法将标定数据拟合成一条直线，使得在全量程范围内标定曲线上所有点与拟合直线的偏差的平方和最小。对应于不同的理想特性曲线，同一仪表会得到不同的线性度。因此，在说明仪表线性度时，应同时指明理想线性输入-输出特性曲线的确定方法。

(6) 回差

仪表的输入量从测量下限增加至测量上限的测量过程称为正行程；反之，输入量从测量上限减小至测量下限的测量过程称为反行程。理想情况下，仪表正、反行程的测量曲线应该是重合的，但实际上这两条曲线并不重合，这种现象称为迟滞。回差就是用来描述仪表迟滞严重程度的参数，又称为迟滞误差，其定义为对于同一输入量，正、反行程对应的输出量之间的差值，如图 1-3 所示，用全量程范围内被测量正、反行程所得到的两条特征曲线的最大偏差值 $\Delta H_{\max}$ 与量程之比的百分数来表示，记为 R_H，即：

$$R_H = \frac{\Delta H_{\max}}{A} \times 100\% \tag{1-7}$$

引起回差的因素较多，通常认为仪表传动机构的间隙、运动部件的摩擦、弹性元件和磁性元件的滞后现象等都可能引起回差。

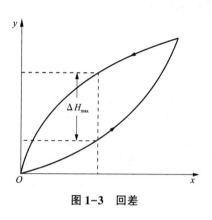

图 1-3 回差

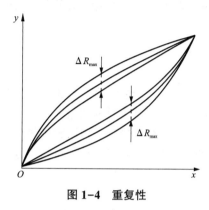

图 1-4 重复性

（7）重复性

重复性是指在相同测量条件下，按同一方向在全量程范围内进行多次测量时输入-输出特性曲线的一致程度，如图 1-4 所示，用同一方向的输入-输出特性曲线之间的最大偏差值 $\Delta R_{\max}$ 与量程之比的百分数来表示，记为 R_R，即：

$$R_R = \frac{\Delta R_{\max}}{A} \times 100\% \tag{1-8}$$

（8）稳定性

仪表的稳定性可以从两个方面来描述：一是时间稳定性，表示在工作条件保持恒定时，仪表输出值在一段时间内随机变动量的大小；二是使用条件变化稳定性，表示仪表在规定的使用条件内某个条件的变化对仪表输出的影响。以仪表的供电电压影响为例，如果仪表规定的使用电源电压为（220±20）V，则在实际电压为 200~240 V 时，可用电源每变化 1 V 时仪表输出值的变化量来表示仪表对电源电压的稳定性。

思考题与习题

1. 简述测量和检测的联系及区别。
2. 简述直接测量、间接测量和组合测量的含义和特点。
3. 简述测量仪表的基本组成环节及其作用。
4. 我国自动化仪表的准确度等级推荐值有哪些？
5. 简述线性度、回差和重复性的含义及表示方法。
6. 试述现代测试技术的发展方向。

第 2 章　测量误差及处理方法

　　凡是需要测量的场合，事先都不知道或不能确定被测量的真值，而测量过程中又不可避免地存在误差，因此通过测量并不能完全准确地获得被测量的真值。尽管如此，也可以通过对测量结果的统计处理，利用数理统计规律来检验测量结果的可靠程度，就相当于在一定可靠程度的保证下找到了真值，再利用这样得到的真值去进行进一步的理论或实验研究，或验证已有理论的正确程度。

2.1　测量误差

2.1.1　误差的基本概念

　　（1）误差

　　在实际测量中，由于测量器具不准确、测量手段不完善、受环境影响、测量操作不熟练及工作疏忽等，测量结果都会与被测量的真值不同。测量仪表的测得值与被测量的真值之间的差异，称为测量误差，简称误差。测量误差的存在具有必然性和普遍性，只能根据需要和可能，将其限制在一定范围内，而不可能完全加以消除。误差只与测量结果有关，不论采用何种仪表，对同一被测量进行测量时，只要测量结果相同，其误差都是一样的。

　　（2）真值

　　一个物理量在一定条件下所呈现的客观大小或真实数值，称为真值。要想得到真值，必须利用理想测量器具或测量仪表进行无误差的测量，因此，物理量的真值实际上是无法测得的。通常用以下方法来确定真值：

　　①理论真值。把对一个量严格定义的理论值称为理论真值，如三角形三内角和为 $180°$、垂直度为 $90°$ 等。由于理论真值在实际工作中难以获得，常用约定真值或相对真值来代替。

　　②约定真值。由国家设立各种尽可能维持不变的实物标准或基准，以法令的形式指定其所体现的量值作为计量单位的约定真值。例如，指定国家计量局保存的铂铱合金四柱体质量原器的质量为 1 kg。若国际上通过互相比对保持一定程度的一致，则可以用约定真值来代替真值。

　　③相对真值。对于一般测量，如果高一级测量仪表的误差不大于低一级测量仪表误差的 1/3；对于精密测量，如果高一级测量仪表的误差不大于低一级测量仪表误差的 1/10，则可认

为前者所测结果是后者的相对真值。

2.1.2　误差的来源

要减小测量误差，必须了解误差来源。误差来源是多方面的，在测量过程中，几乎所有因素都可能引入测量误差。其中，最主要的误差来源有以下 4 个方面。

（1）仪器误差

仪器误差是由于设计、制造、装配、检定等不完善以及仪器使用过程中元器件老化、机械部件磨损、疲劳等引入的误差。减小仪器误差的主要途径是根据具体测量任务，正确选择测量方法和使用测量仪器，包括检查所使用的仪器是否具备出厂合格证及检定合格证，在额定工作条件下是否按使用要求进行操作等。

（2）人员误差

人员误差主要是指由测量人员的分辨能力、测量经验和测量习惯造成的误差。可通过提高测量者的操作技能和工作责任心，采用更合适的测量方法，采用数字显示的客观读数以避免指针式仪表的视读误差等办法减小人员误差。

（3）环境误差

环境误差是指由于各种环境因素与仪表工作条件不一致而造成的误差。最主要的影响因素有环境温度、湿度、压力、振动、电源电压和电磁干扰等。当环境条件符合要求时，环境误差通常可不予考虑。但在精密测量中，均需根据测量现场的环境条件求出各项环境误差，以便根据需要做进一步的修正处理。

（4）方法误差

方法误差是所使用的测量方法不当，或对测量设备操作使用不当，或测量所依据的理论不严格，或对测量计算公式的简化不适当等原因而造成的误差。在掌握了造成方法误差的具体原因及有关量值后，原则上都可以通过理论分析和计算或改变测量方法来加以消除或修正。

2.1.3　误差的分类

按照误差的特点与性质，误差可分为随机误差、系统误差和粗大误差三类。

（1）随机误差

在相同条件下，多次测量同一量值时，绝对值和符号以不可预定的方式变化的误差称为随机误差。就个体而言，随机误差是没有规律的；但就总体而言，随机误差服从一定的统计规律，利用概率论和数理统计的方法，可以从理论上估计随机误差对测量值的影响。

（2）系统误差

在同一条件下，多次测量同一量值时，误差的绝对值和符号均保持不变，或在条件改变时，按照一定规律变化的误差称为系统误差。按对误差掌握的程度，可将系统误差分为已定系统误差和未定系统误差。已定系统误差的误差大小和方向为已知；未定系统误差的误差大小和方向为未知，但通常可估计出误差的范围。按误差出现规律，可将系统误差分为不变系统误差和变化系统误差。不变系统误差的误差大小和方向是固定的；变化系统误差的误差大小和方向是变化的，按其变化规律，又分为线性系统误差、周期性系统误差和复杂规律系统误差等。由于系统误差具有一定的规律性，因此可以根据其产生的原因，采取一定的技术措施，对其设法消除或减小。

（3）粗大误差

在一定的测量条件下，测量值明显偏离实际值所形成的误差称为粗大误差。含有粗大误差的测量值称为坏值，应当剔除不用。产生粗大误差的主要原因包括测量方法不当或错误、测量操作疏忽和失误、测量条件突然变化等。粗大误差就其数值而言，往往大大超过同样测量条件下的系统误差和随机误差，严重歪曲测量结果，使得测量结果完全不可信赖。因此，一旦发现粗大误差，必须从测量数据中予以剔除。

2.1.4　误差的表示方法

误差的表示方法分为绝对误差和相对误差两种。

（1）绝对误差

绝对误差定义为被测量的测量值 x 与其真值 x_0 之间的代数差，即：

$$\Delta = x - x_0 \tag{2-1}$$

式中：Δ 为绝对误差。

绝对误差具有与测量值相同的单位，并且可正可负。若测量值较真值大，则绝对误差为正值，反之为负值。因此，绝对误差可同时体现测量值与其真值的偏离程度和方向。

（2）相对误差

相对误差是绝对误差与某一约定值的比值，用百分数表示。根据采用的约定值的不同，相对误差分为如下几种形式。

①实际相对误差 $\delta_{\text{实际}}$ 是绝对误差与被测量真值的比值，即：

$$\delta_{\text{实际}} = \frac{\Delta}{x_0} \times 100\% \tag{2-2}$$

②示值相对误差 $\delta_{\text{示值}}$ 是绝对误差与测量值的比值，即：

$$\delta_{\text{示值}} = \frac{\Delta}{x} \times 100\% \tag{2-3}$$

③引用误差 $\delta_{\text{引用}}$ 是仪表全量程范围内最大绝对误差 $\Delta_{\max}$ 与量程 A 的比值，即：

$$\delta_{\text{引用}} = \frac{\Delta_{\max}}{A} \times 100\% \tag{2-4}$$

2.2　随机误差分析

随机误差分为正态分布随机误差与非正态分布随机误差两类。就大多数测量而言，其随机误差服从正态分布规律，因而本书的讨论只限于正态分布随机误差。

2.2.1　随机误差的正态分布性质

通过对大量随机误差的总结归纳，发现随机误差呈现出以下性质。

①有界性。在相同测量条件下，随机误差总是在一定的、相当窄的范围内变动，绝对值

很大的误差出现的概率接近于零,即随机误差的绝对值实际上不会超过一定的界限。

②单峰性。绝对值小的误差出现的概率大,绝对值大的误差出现的概率小,零误差出现的概率比任何其他数值的误差出现的概率都大。

③对称性。大小相等、符号相反的随机误差出现的概率几乎相同,相同条件下重复测量的次数越多,对称性越好。

④抵偿性。在相同测量条件下,当测量次数趋于无穷时,全部随机误差的算术平均值趋于零。抵偿性是随机误差最本质的统计特性,凡是有抵偿性的误差,原则上都可称为随机误差。

2.2.2 随机误差的估计和统计处理

随机误差的大小常用标准偏差来进行估计。在重复条件下,对某个量 x 进行无限次测量,所得的随机误差的总体标准偏差为:

$$\sigma = \sqrt{\frac{1}{n}\sum_{i=1}^{n}(x_i - x_0)^2} \ (n \to \infty) \tag{2-5}$$

式中: n 为测量次数; x_i 为第 i 次测量值; x_0 为真值。

由于式(2-5)涉及无穷多次测量和真值,因此它只具有理论意义。在实际测量中,测量次数 n 为有限值,并且通常以多次测量值的算术平均值 $\bar{x}$ 替代真值 x_0,由此得到总体标准偏差 σ 的近似估计值——实验标准偏差 s,即:

$$s = \sqrt{\frac{1}{n-1}\sum_{i=1}^{n}(x_i - \bar{x})^2} \tag{2-6}$$

测量值的算术平均值 $\bar{x}$ 是真值的估计值,某个测量列的 $\bar{x}$ 与另一个测量列的 $\bar{x}$ 之间也有区别,即 $\bar{x}$ 同样存在分散性问题,它的标准偏差计算式为:

$$s_{\bar{x}} = \frac{s}{\sqrt{n}} = \sqrt{\frac{1}{n(n-1)}\sum_{i=1}^{n}(x_i - \bar{x})^2} \tag{2-7}$$

式中: $s_{\bar{x}}$ 为算术平均值的实验标准偏差。

在分析随机误差时,不仅要知道它的取值范围,还要明确它在该范围内取值的概率。根据概率统计的知识,随机变量取值的范围称为置信区间,常用正态分布的标准偏差 σ 的倍数来表示,即 $\pm z\sigma$,其中 z 称为置信系数,一般取值 1、2 或 3, σ 也称为置信区间的半宽。随机变量在置信区间的范围内取值的概率称为置信概率,用 P 来表示。若置信系数 $z=1$ 或 2 或 3,则置信概率 $P=68.27\%$ 或 95.45% 或 99.73%。

2.3 系统误差分析

系统误差按其表现形式可分为定值系统误差和变值系统误差两类。定值系统误差在整个测量过程中的误差符号和数值大小均恒定不变;变值系统误差则是按照一定规律变化的系统误差,其又分为累积系统误差、周期系统误差和复杂变化系统误差等。累积系统误差是指在测量过程中,随着时间的延伸,误差值渐增或渐减的系统误差;周期系统误差是指在测量过程中，误差大小和符号呈周期性变化的系统误差；复杂系统误差则指变化较复杂，难以用简单的关系式描述其规律的系统误差。

2.3.1 系统误差的处理原则

系统误差产生的原因众多，加之缺乏一般性的规律，因此，对系统误差的分析处理尚没有通用方法可循。这里根据前人的经验和认识，总结归纳出了一些具有普遍意义的系统误差处理原则。

①在测量之前，应该尽可能预见到系统误差的来源，并设法消除之，或者使其影响减少到可以接受的程度。

②在实际测量时，应尽可能地采用有效的测量方法，消除或减弱系统误差对测量结果的影响。采用何种测量方法能更好地消除或削弱系统误差对测量结果的影响，在很大程度上取决于具体的测量问题。

③在测量之后，应通过对测量数据的分析和处理，检查是否存在尚未被注意到的变值系统误差。

④最后，要设法估计出未被消除而残留下来的系统误差对最终测量结果的影响。

2.3.2 系统误差的识别和修正

对系统误差进行分析和处理时，首先需要识别测量值中是否存在系统误差，因为只有知道它的存在，才能采用相应的方法将它减小或消除，从而保证测量结果的准确，提高测量的准确度。

（1）定值系统误差的识别和处理

定值系统误差对每一个测量数据的影响，不论在大小和方向上都是相同的。对于存在定值系统误差的测量，处理方法是在测量结果中引入修正值，修正值即为负的系统误差值。

①预检法。对现用的测量仪表，在规定的测量条件下，做预先的定期测试，以获得其定值系统误差的方法。事先对已知相对真值为 x_0 的基准器件做多次重复测量，以测量值的平均值 $\bar{x}$ 和真值 x_0 之差作为系统误差 Δ_x，即：

$$\Delta_x = \bar{x} - x_0 \tag{2-8}$$

②替代法。替代法又称为置换法，是一种在实际测量中比较常用的识别定值系统误差的方法。首先对被测对象作 n 次重复测量，得到平均值 $\bar{x}$，而后按此 $\bar{x}$ 值选取相应的基准器具替代被测对象，在完全相同的测量条件下，做 n 次同样的重复测量，如果此时所得到的平均值 $\bar{x}'$ 与 $\bar{x}$ 之差满足条件：

$$\bar{x}' - \bar{x} < \pm 3 s_{\bar{x}} \tag{2-9}$$

则没有定值系统误差。如果不满足，则定值系统误差的值为：

$$\Delta_x = \bar{x}' - \bar{x} \tag{2-10}$$

式中：$s_{\bar{x}}$ 为算术平均值的实验标准偏差。

（2）变值系统误差的识别和处理

变值系统误差对每一个测量数据的影响各不相同，因此，需要求得其对测量数据的影响规律，方能进行有效的处理。

①残差代数和相减法。将一组多次重复测量所得的 n 个测量值 x_i，按测量的先后顺序进行排列，并将对应的残差 $v_i = x_i - \bar{x}$ 均分成前半组和后半组，计算前半组残差之和与后半组残差之和的差，如果该差值接近于 0，则认为没有变值系统误差，如果该差值不为 0 且数值较大，则认为存在变值系统误差。

②残差代数和分析法。若残差的正负号按测量的顺序来看无一定的规律性，而且前后两个半组各自残差的代数和接近于 0，则表明不存在较显著的变值系统误差；如果前后两个半组各自残差的代数和不是 0，且数值较大，则认为存在变值系统误差。若残差的正负号按测量的顺序来看有明显的规律性，如从正逐渐变到负，或相反，从负逐渐变到正，而且前后两个半组各自残差的代数和相差较大，则可能存在递减或递增的变值系统误差。若残差的正负号按测量的顺序来看有明显的周期性变化规律，而且前后两个半组各自残差的代数和都接近于 0，则可能存在周期性的变值系统误差。用残差代数和来识别变值系统误差时，要求重复测量的次数应大于 20 次，否则效果不好。

③残差符号检验法。以 n_+ 表示正的残差的个数，n_- 表示负的残差的个数，若 $n_+ \approx n_-$，则可以认为不存在显著的变值系统误差。若重复测量次数 n 的值不大，且 $|n_+ - n_-| \leqslant (n-1)^{1/2}$，也可以认为不存在显著的变值系统误差。由于该方法只考虑了残差符号的个数抵消性，而没有考虑残差数值的抵消性，因此只能粗略地判断变值系统误差是否存在。

④序差检验法。当重复测量次数 n 值足够大时，若相邻测量值各自残差的代数和接近于 0，并且满足：

$$| B/2A - 1 | \leqslant (1/n)^{1/2}$$
$$A = \sum_{i=1}^{n} v_i^2 \tag{2-11}$$
$$B = \sum_{i=1}^{n-1} (v_i - v_{i+1})^2$$

则认为不存在变值系统误差；反之，则认为存在变值系统误差。

2.4 粗大误差分析

粗大误差使得被测量的测量值明显偏离其实际值。首先，应采用直观分析法，检查是否存在由写错、记错、误操作或者外界条件突变等引起的粗大误差。其次，借助于统计分析方法，利用随机误差的有界性来判断是否存在粗大误差。

2.4.1 拉依达准则

当测量值不含有系统误差，且随机误差服从正态分布时，若测量列中某一测量值残差的绝对值大于该测量列实验标准偏差的 3 倍，即 $|v_i| > 3s$，则可以认为该测量值中含有粗大误差，此准则称为拉依达准则，或称为 $3s$ 准则。按照拉依达准则剔除含有粗大误差的测量值后，应重新计算新测量列的算术平均值及实验标准偏差，判断剩余测量数据是否还含有粗大误差。

拉依达准则是判断是否存在粗大误差的一种最简单的方法。在要求不甚严格时，拉依达准则因其简单而常被采用。然而，当测量次数较少（少于 10 次）时，即使测量列中含有粗大误差，拉依达准则也判别不出来。

2.4.2　格拉布斯准则

当测量值不含有系统误差，且随机误差服从正态分布时，若某个测量值 x_i 的残差 v_i 满足：

$$|v_i| > g_0(n, \alpha)s \tag{2-12}$$

则认为 x_i 含有粗大误差，应剔除。式中：s 为实验标准偏差；g_0 为格拉布斯准则临界值；n 为测量次数；α 为显著性水平，通常取 0.01 或 0.05。

不同测量次数 n 和显著性水平 α 下的格拉布斯准则临界值见表 2-1。如果利用格拉布斯准则判定测量列中存在含有粗大误差的坏值，那么在剔除坏值之后，还需要对余下的测量数据再进行判定，直至所有测量值都符合要求。

表 2-1　格拉布斯准则临界值表

n	α		n	α	
	0.05	0.01		0.05	0.01
3	1.153	1.155	17	2.475	2.785
4	1.463	1.492	18	2.504	2.821
5	1.672	1.749	19	2.532	2.854
6	1.822	1.944	20	2.557	2.884
7	1.938	2.097	21	2.580	2.912
8	2.032	2.221	22	2.603	2.939
9	2.110	2.323	23	2.624	2.963
10	2.176	2.410	24	2.644	2.987
11	2.234	2.485	25	2.663	3.009
12	2.285	2.550	30	2.745	3.103
13	2.331	2.607	35	2.811	3.178
14	2.371	2.659	40	2.866	3.240
15	2.409	2.705	45	2.914	3.292
16	2.443	2.747	50	2.956	3.336

2.5 测量结果的处理步骤与表示方法

对某一参数进行多次测量后，为了得到比较准确的测量结果，通常按下列步骤进行处理和表示结果。

①计算测量值 x_i 的算术平均值 $\bar{x} = \dfrac{1}{n}\sum_{i=1}^{n} x_i$，$n$ 为测量次数。

②计算测量值 x_i 的残差 v_i。

③核算残差 v_i 的代数和是否为 0。若为 0，则表明以上算术平均值和残差计算正确；反之，应重新计算，直至正确为止。

④判断测量值中是否存在系统误差。若存在定值系统误差，则引入修正值进行修正，并重新计算算术平均值；若存在变值系统误差，则通过 s_B 计算实验标准偏差 s。

⑤计算实验标准偏差 s。若测量值无变值系统误差，则 $s = \sqrt{\dfrac{1}{n-1}\sum_{i=1}^{n}(x_i-\bar{x})^2}$；若测量值有变值系统误差，则：

$$s = \frac{s_B}{\sqrt{2}} \tag{2-13}$$

$$s_B = \frac{\sum_{j=1}^{n-1}(B_j-\bar{B})^2}{\sqrt{(n-1)-1}} \tag{2-14}$$

$$B_j = x_{j+1} - x_j, \quad (j=1,2,\cdots,n-1) \tag{2-15}$$

$$\bar{B} = \frac{1}{n-1}\sum_{j=1}^{n-1} B_j \tag{2-16}$$

⑥判断测量值中是否存在粗大误差。如果含有粗大误差，应将该测量值剔除，重新从步骤①到步骤⑥进行计算，直至没有异常值为止。

⑦计算算术平均值的实验标准偏差 $s_{\bar{x}} = \dfrac{s}{\sqrt{n}}$。

⑧写出测量结果的表达式：$x = \bar{x} \pm z s_{\bar{x}} (z=1,2,3)$。

2.6 误差的合成

在测量过程中，不同性质的误差可能同时存在。要判定测量值是否达到了预定的准确度要求，需要估计各项误差对测量结果的综合影响。

2.6.1　随机误差的合成

若测量结果中有 l 个彼此独立的随机误差，且这些误差互不相关，各单次测量的随机误差的标准偏差分别为 $\sigma_i(i=1, 2, \cdots, l)$，则 l 个独立随机误差的合成是它们的方和根，即：

$$\sigma = \sqrt{\sum_{i=1}^{l} \sigma_i^2} \tag{2-17}$$

应该指出的是，对于复杂系统误差，也常按随机误差的方法来合成。

2.6.2　系统误差的合成

（1）定值系统误差的合成

在确定了定值系统误差的数值与符号后，其合成方法就是将各项定值系统误差进行代数相加。设测量结果中含有 m 个定值系统误差，它们的数值分别为 $E_j(j=1, 2, \cdots, m)$，则合成的定值系统误差 E 为：

$$E = \sum_{j=1}^{m} E_j \tag{2-18}$$

（2）变值系统误差的合成

变值系统误差一般只能估计出各系统误差分量 $e_k(k=1, 2, \cdots, n)$ 的取值界限，而不能确定其符号，通常采用最保守的合成方法——绝对值和法进行合成，即：

$$e = \sum_{k=1}^{n} |e_k| \tag{2-19}$$

应当指出的是，当系统误差纯属于定值系统误差时，可直接采用与定值系统误差大小相等、符号相反的量去修正测量结果，修正后此项误差就不存在了。

2.6.3　误差合成定律

测量结果一般既有随机误差又有系统误差，假设这些误差相互独立，则总的合成误差 Δ 为：

$$\Delta = \sigma + E + e \tag{2-20}$$

式中：σ、E、e 分别为合成随机误差、合成定值系统误差和合成变值系统误差。

2.7 测量不确定度

2.7.1 不确定度的基本概念

由于测量误差的客观存在，测量结果仅仅是被测量的一个估计值，带有不确定性。测量不确定度是表征合理地赋予被测量值的分散性并与测量结果相联系的参数，是对测量结果质量的定量评定，也是误差理论发展和完善的产物。不确定度小，表示测量数据集中，测量结果的可信程度高；不确定度大，表示测量数据分散，测量结果的可信程度低。一个完整的测量结果，不仅要给出测量值的大小，还要给出测量不确定度，以表明测量结果的可信程度。

测量不确定度和误差是误差理论中两个重要且不同的概念，它们都是评价测量结果质量高低的重要指标，都可作为测量结果准确度评定的参数。测量不确定度和误差既有区别也有联系。

误差是测量结果与真值之差，它以真值或实际值为中心；而不确定度是以被测量的估计值为中心的。因此，误差是一个理想的概念，一般不能准确获得，难以定量描述；而不确定度是对测量认识不足程度的反映，是可以定量评定的。

误差是不确定度的基础，研究不确定度首先需研究误差，只有对误差的性质、分布规律、相互联系及测量结果的误差传递关系等有了充分的认识，才能更好地估计各不确定度的分量，正确得到测量结果的不确定度。用不确定度来代替误差表示测量结果，易于理解，便于评定，具有合理性和实用性。但不确定度的内容不能包罗，更不能代替误差理论的所有内容。不确定度是对经典误差理论的有益补充，是现代误差理论的内容之一。

2.7.2 不确定度的评定

不确定度的评定方法可分为 A 类评定和 B 类评定。A 类评定是指用统计分析的方法对测量值进行不确定度评定，用标准偏差来表征的评定方法。而 B 类评定则是用不同于统计分析的其他方法进行不确定度评定，根据经验或资料及假设的概率分布估计的标准偏差表征的评定方法。A、B 分类旨在指出评定方法的不同，并不意味着两类分类之间存在本质上的区别，它们都基于概率分布，都用标准偏差来定量表示。

（1）标准不确定度的 A 类评定

以标准偏差表示的不确定度称为标准不确定度，用符号 u 表示。A 类评定采用标准偏差来表征，即在同一条件下对被测量 x 进行 n 次测量，设测量值的算术平均值为 $\bar{x}$，则 A 类标准不确定度 u_A 为算术平均值的实验标准偏差 $s_{\bar{x}}$。

（2）标准不确定度的 B 类评定

B 类评定适合于含有非正态分布随机误差或不确定系统误差的测量结果的不确定度评定。B 类评定不依赖于对测量值的统计，而是设法利用与被测量有关的其他先验信息来进行估计。

常用的 B 类评定信息来源主要有：以往的测量数据；测量仪表特性及有关技术资料；生产厂家提供的技术说明文件；校准证书、检定证书、测试报告或其他证书文件；手册或某些资料给出的参考数据及其不确定度等。通过对上述一种或多种信息的综合分析，提取并估计能反映被测量分散性的数据。

根据先验信息的不同，B 类标准不确定度 u_B 的评定方法也有所不同。

①若由先验信息得出测量结果的概率分布及其置信区间和置信水平，则 B 类标准不确定度 u_B 为该置信区间半宽 a 与该置信水平 P 下的包含因子 k_P 的比值，即：

$$u_B = a/k_P \tag{2-21}$$

②若由先验信息得出测量不确定度 U 为标准偏差的 k 倍，则 B 类标准不确定度 u_B 为该测量不确定度 U 与倍数 k 的比值，即：

$$u_B = U/k \tag{2-22}$$

③若由先验信息得出测量结果的置信区间及其概率分布，则 B 类标准不确定度 u_B 为该置信区间半宽 b 与该概率分布置信水平接近 1 的包含因子 k_1 的比值，即：

$$u_B = b/k_1 \tag{2-23}$$

在标准不确定度的 B 类评定方法中，关键是合理确定测量结果分布及其在该分布置信水平下的包含因子。B 类不确定度主要采用的概率分布有正态分布、均匀分布、三角分布、反正弦分布及两点分布等，表 2-2 和表 2-3 为这几种常见概率分布下的包含因子。当无法确定分布类型时，建议采用均匀分布。

]表 2-2   正态分布置信水平与包含因子

置信水平 P	包含因子 k_P	置信水平 P	包含因子 k_P	置信水平 P	包含因子 k_P
0.5000	0.667	0.9500	1.960	0.9950	2.807
0.6827	1.000	0.9545	2.000	0.9973	3.000
0.9000	1.645	0.9900	2.576	0.9990	3.291

表 2-3   非正态分布置信水平与包含因子

分布类型	$P=1.0000$	$P=0.9973$	$P=0.9900$	$P=0.9500$
均匀分布	$3^{1/2}$	1.73	1.71	1.65
三角分布	$6^{1/2}$	2.32	2.20	1.90
反正弦分布	$2^{1/2}$	1.41	1.41	1.41
两点分布	1.00	1.00	1.00	1.00

(3) 标准不确定度的合成

当测量结果受多个因素影响而形成若干不确定度分量时，其标准不确定度可通过这些不确定度分量合成得到，称为合成标准不确定度，用符号 u_c 表示，计算式为：

$$u_c = \sqrt{\sum_{i=1}^{n} u_i^2 + 2\sum_{1 \leqslant i < j}^{n} \rho_{ij} u_i u_j} \tag{2-24}$$

式中：u_i 为第 i 个不确定度分量；ρ_{ij} 为第 i 和第 j 个不确定度分量之间的相关系数；n 为不确定度分量的个数。

（4）扩展不确定度和测量结果的表示

扩展不确定度是确定测量结果区间的量，合理赋予被测量之值分布的大部分可望含于此区间。扩展不确定度可由合成标准不确定度 u_c 乘以包含因子 k 得到，用符号 U 表示，即：

$$U = ku_c \qquad\qquad (2-25)$$

式中：$k = 2$ 或 3。

测量结果 X 可以表示为：

$$X = x \pm U \qquad\qquad (2-26)$$

式中：x 是被测量的最佳估计值。

思考题与习题

1. 什么是真值？应用中应如何选择？

2. 测量误差有哪几类？各类误差的主要特点和产生原因是什么？

3. 简述根据拉依达准则判别粗大误差的原理。

4. 试比较测量不确定度与测量误差的区别和联系。

5. 简述测量不确定度的 A 类和 B 类评定方法各自的特点。

6. 某量程为 10 A 电流表，经检定，最大示值误差为 8 mA，该表是否满足准确度为 0.1 级的要求？

7. 某压力表量程为 20 MPa，测量值误差不允许超过 0.01 MPa，该压力表的准确度等级是多少？

8. 某温度计刻度为 0~50.0℃，在 25.0℃ 处计量检定值为 24.95℃，在 25.0℃ 处温度计的绝对误差、示值相对误差、引用误差各是多少？

第 3 章　温度测量技术

温度是表征物体冷热程度的基本物理量，是生产生活和科学实验中普遍关注的热工参数。温度的概念及其测量都是建立在热平衡基础上的。当两个冷热程度不同的物体经充分换热，最终达到热平衡时，它们具有相同的温度，通过测量感温元件随温度变化的性能，可以确定被测对象的温度值。建筑环境营造及设备运行控制都与温度密切相关。此外，温度对流量、压力等其他参数的测量也具有重要的影响。

3.1　温度测量的基本概念

3.1.1　温标

温标是温度的数值表示法，是用数值来表示温度的一套规则，它确定了温度的单位。温标利用一些物质的相平衡温度作为固定点刻在标尺上，而固定点中间的温度值则可利用一种函数关系(称为内插函数或内插方程)来描述。通常把温度计、固定点和内插方程称为温标三要素(或称为三个基本条件)。

(1)经验温标

借助于某种物质的物理量与温度变化的关系，用实验方法或经验公式所确定的温标称为经验温标，主要有华氏温标和摄氏温标等。

华氏温标规定水的沸腾温度为 212 华氏度，氯化铵和冰的混合物为 0 华氏度，将两个固定点之间等分为 212 份，每份为 1 华氏度，单位符号记作℉。摄氏温标把水的冰点定为 0 摄氏度，把水的沸点定为 100 摄氏度，将两个固定点之间等分为 100 份，每份为 1 摄氏度，单位符号记作℃。华氏温标和摄氏温标的转换关系为：

$$t_C = \frac{5}{9}(t_F - 32) \tag{3-1}$$

式中：t_C 为摄氏温度；t_F 为华氏温度。

经验温标的建立依赖于具体的测温物质，因此，不同温标所确定的温度数值是不同的。

(2)热力学温标

热力学温标是物理学家开尔文以热力学第二定律为基础提出的一种理论温标，又称为开尔文温标，单位为开尔文，用符号 K 表示。根据卡诺定理，工作于两个恒温热源之间的可逆卡诺热机所吸、放的热量之比仅与两个热源的温度有关，据此，开尔文建立了一种不依赖于任何测温物质的温标——热力学温标，其满足如下关系：

$$\frac{Q_1}{Q_2} = \frac{T_1}{T_2} \tag{3-2}$$

式中：Q_1 为卡诺热机从高温热源吸收的热量；Q_2 为卡诺热机向低温热源放出的热量；T_1 为高温热源的温度；T_2 为低温热源的温度。

在式(3-2)中，假设两个热源中一个热源 Q_s 的热力学温度已知，为 $T_s = 273.16$ K(水三相点)，另一个热源 Q 的热力学温度 T 待测，若能利用卡诺热机测出 Q/Q_s，则可以得到：

$$T = \frac{Q}{Q_s} \times T_s \tag{3-3}$$

但实际上不可能制造出一部能工作于任何温度和水三相点温度之间的可逆卡诺热机，因此只能利用理想气体状态方程来复现热力学温标。当体积恒定时，定质量的理想气体的热力学温度与其压力成正比，若选取水三相点的压力 P_s 为参考点，则理想气体的温标方程为：

$$T = \frac{P}{P_s} \times T_s \tag{3-4}$$

由于实际气体与理想气体存在差异，因此，实际使用理想气体状态方程测量温度时，需要进行修正，而且设备复杂，使用不便。

(3)国际温标

为了实际使用方便，国际上经协商，建立了一种所谓的国际温标。国际温标应尽可能接近热力学温度，具有良好的复现性，且用于复现温标的标准温度计使用方便，性能稳定。

第一个国际温标是 1927 年第七届国际计量大会决定采用的温标，称为 1927 年国际温标，记为 ITS-27。此后，由于温标三要素的变化，国际温标大约每隔 20 年就进行一次重大修订，相继有 1948 年国际温标(ITS-48)、1968 年国际温标(ITS-68)和 1990 年国际温标(ITS-90)。ITS-90 是 1989 年 7 月第 77 届国际计量委员会(CIPM)批准的国际温度咨询委员会(CCT)制定的新温标。我国从 1994 年 1 月 1 日起全面实行 ITS-90 国际温标。

ITS-90 的热力学温度记作 T，为了区别于以前的温标，用 T_{90} 表示(单位为 K)，与此并用的摄氏温度记为 t_{90}(单位是℃)，T_{90} 与 t_{90} 的关系为：

$$t_{90} = T_{90} - 273.15 \tag{3-5}$$

ITS-90 是以定义固定点温度指定值及在这些固定点上分度过的标准仪器来实现热力学温标的，各固定点间的温度则是依据内插公式使标准仪器的示值与国际温标的温度值相联系的。

3.1.2 温度测量方法

根据感温元件使用方法的不同，温度测量可分为接触式和非接触式两类。

接触式温度测量是将感温元件直接与被测对象接触，通过导热或对流达到热平衡，使温度测量仪表的示值能直接表示被测对象的温度的测量方法。接触式测温的准确度相对较高，直观可靠。但由于感温元件直接与被测对象接触，会影响被测对象的热平衡状态，加之若存在接触不良，则会增加测温误差。如果测量对象为腐蚀性介质或温度太高，则将严重影响感温元件的性能和寿命。

　　非接触式温度测量是感温元件不与被测对象直接接触，而是通过接受被测对象的热辐射进行换热，从而测出被测对象温度的测量方法。非接触式测温不影响被测对象的温度分布和运动状态，适合于测量高速运动物体、带电体、高压、高温和热容量小或温度变化迅速对象的表面温度，也可用于温度场的测量。

　　各类常用温度测量方法的原理和性能如表 3-1 所示。

表 3-1　常用温度测量方法

测温方式	类别	测温原理	典型仪表	测温范围/℃
接触式测温	膨胀类	热胀冷缩	玻璃液体温度计	-100~600
		蒸汽压变化	压力式温度计	-100~500
		热膨胀差	双金属温度计	-80~600
	热电类	热电效应	热电偶	-200~2300
	电阻类	固体材料电阻随温度的变化	铂热电阻	-260~850
			铜类电阻	-50~150
			热敏电阻	-50~300
	其他电学类	半导体器件的温度效应	集成温度传感器	-50~150
		晶体固有频率随温度的变化	石英晶体温度计	-50~120
非接触式测温	光纤类	光纤的温度或传光特性	光纤温度传感器	-50~400
			光纤辐射温度计	200~4000
	辐射类	普朗克定律	光电高温计	800~3200
			辐射传感器	400~2000
			比色温度计	500~3200

3.2　膨胀式温度计

　　大多数物质的体积会随温度的变化而发生热胀冷缩的现象，据此特性而制成的温度计称为膨胀式温度计。膨胀式温度计分为固体膨胀式、液体膨胀式和压力式三种。

3.2.1　固体膨胀式温度计

　　利用膨胀系数不同的固体材料制成的温度计称为固体膨胀式温度计。双金属片温度计是典型的固体膨胀式温度计，它将两种线膨胀系数不同的金属薄片叠焊在一起，将其一端固定，另一端设为自由端，当温度变化时，由于两种金属的线膨胀系数不同，金属薄片会发生弯曲变形，其弯曲的偏转角即反映了被测温度的大小。双金属片温度计的基本结构如图 3-1

所示，通常将感温元件绕成螺旋形，一端固定，另一端连接指针轴，感温元件因受热或冷却会发生弯曲率变化，并通过指针轴带动指针偏转，在刻度盘上直接显示出被测温度的数值。

除了使用金属材料外，有时为了增大膨胀系数的差异，还可选用非金属材料作为感温元件，如石英、陶瓷等。双金属片温度计常被用作自动控制装置中的温度测量元件，结构简单可靠，但准确度不高。

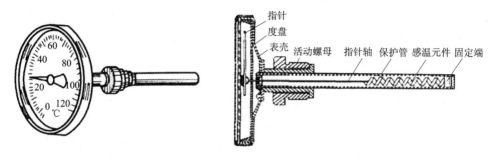

图 3-1　双金属片温度计结构示意图

3.2.2　液体膨胀式温度计

利用液体体积随温度升高而膨胀的原理制成的温度计称为液体膨胀式温度计。其中最常用的玻璃管液体温度计的结构如图 3-2 所示，由于液体的膨胀系数远大于玻璃，因此，当温度升高时，储存在玻璃温包内的工作液体受热膨胀会沿毛细管上升，在毛细管旁边的刻度标尺上直接显示出被测温度的数值。为了防止温度过高时液体胀裂玻璃管，在毛细管顶端留有一膨胀室。

玻璃管液体温度计测量准确，读数直观，结构简单，价格低廉，使用方便，因此应用广泛，但也存在易碎、不能远传信号和自动记录等缺点。根据所填充的工作液体的不同，玻璃管液体温度计分为水银温度计和有机液体温度计两类。由于水银不黏玻璃，不易氧化，在较宽温度范围内（-38~356℃）常保持液态，特别是在 200℃以下，其膨胀系

图 3-2　玻璃管液体温度计示意图

数几乎和温度呈线性关系，所以水银温度计可制成精密的标准温度计。

由于玻璃具有较大的热惯性，当玻璃管液体温度计在测量完高温后立即用于测量低温时，其温包不能迅速恢复到起始时的体积，从而会使温度计的零点发生漂移，引起测量误差，因此应定期校验玻璃管液体温度计的零点位置。

在使用玻璃管液体温度计测温时，应安装在安全可靠且便于读数之处。温度计以垂直安装为宜；倾斜安装时，温度计的插入方向须与流体流动方向相反，以便与流体充分接触，测得真实温度。测量管道内的流体温度时，应使温度计的温包处于管道的中心线位置。

3.2.3　压力式温度计

利用封闭系统内液体或气体受热后压力变化的原理而制成的温度计称为压力式温度计。如图 3-3 所示,压力式温度计主要由温包(感温元件)、毛细管和弹簧管等组成。测温时将温包置于被测对象中,温包内的工作介质因温度变化而发生压力变化,该压力变化经毛细管传给弹簧管后会使其产生一定的形变,借助拉杆、齿轮传动机构与指针相连,指针的转角会在刻度盘上指示出被测温度。

温包是直接与被测对象相接触以感受温度变化的元件,要求具有一定的强度、较低的膨胀系数、较高的热导率以及一定的抗腐蚀性。毛细管是压力传递通道,长度一般不能超过 60 m。在长度相同的条件下,毛细管越细,测量的准确度越高,但细而长的毛细管会引起压力传递的严重滞后,致使温度计的响应速度变慢。弹簧管一般为扁圆或椭圆截面,一端焊在基座上,内腔通过毛细管与温包相通,另一端封闭,作为自由端。

根据系统内充灌的工作介质的不同,压力式温度计可分为液体压力式、蒸汽压力式和气体压力式三类。液体压力式温度计常用的工作介质有水银、二甲苯、甲醇等,温包较小,测温范围为-50~500℃。蒸汽压力式温度计大多采用低沸点液体(如氯乙烷、乙醚、丙酮等)作为

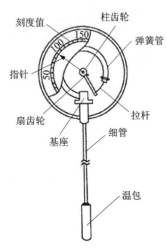

图 3-3　压力式温度计的原理图

工作介质,测温范围为-20~300℃。气体压力式温度计充灌的介质多为氮气,测温范围为-100~500℃,其压力与温度的关系接近于线性,但温包体积大,热惯性大。

压力式温度计测量准确度较低,但使用简便,抗震性好,所以常用作汽车、拖拉机及内燃机冷却水系统、润滑油系统的温度测量仪表。

3.3　热电偶

热电偶是工业生产和科学研究中应用最广泛的温度测量元件,可测量点的温度或表面温度。它具有准确可靠、测量范围宽、性能稳定、结构简单、维护方便、热惯性小等优点,且能直接输出直流电压信号,还可以远距离传送,便于集中检测和自动控制。

3.3.1　热电偶的测温原理

两种不同的导体或半导体材料 A 和 B 组成了如图 3-4 所示的闭合回路,如果两个结合点处的温度不相等,则回路中会有电流产生,即回路中会有电动势存在,这种现象称为热电效应,或称塞贝克效应。热电效应所产生的电势称为热电势,由接触电势和温差电势两部分组成。材料 A、B 称为热电极。接点 1 通常焊接在一起用于感受被测温度,称为测量端、热

端或工作端；接点 2 要求温度恒定，称为自由端、冷端或参比端。

（1）接触电势

当两种电子密度不同的导体或半导体材料相互接触时，会发生自由电子扩散现象，即自由电子从电子密度高的材料流向电子密度低的材料。如图 3-5 所示，不妨假设材料 A 的电子密度大于材料 B，则会有一部分电子从 A 扩散到 B，使 A 失去电子而带正电，B 获得电子而带负电，最终形成由 A 向 B 的静电场。静电场的作用又阻止电子进一步地由 A 向 B 扩散。当电子扩散力和电场阻力达到平衡时，材料 A 和 B 之间就建立起了一个固定的接触电势 $E_{AB}(T)$，其值为：

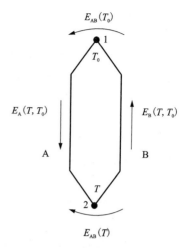

图 3-4　热电效应原理图

$$E_{AB}(T) = \frac{kT}{e} \ln \frac{N_A(T)}{N_B(T)} \tag{3-6}$$

式中：k 为玻尔兹曼常数，其值为 1.38×10^{-23} J/℃；T 为材料 A、B 接点处的温度，单位为 K；e 为单位电荷，其值为 4.802×10^{-10} 绝对静电单位；$N_A(T)$、$N_B(T)$ 分别为材料 A、B 在温度 T 时的电子密度。

可见，接触电势的大小和方向主要取决于两种材料的性质和接点处的温度。

（2）温差电势

温差电势是由于同种导体或半导体材料两端温度不同而产生的一种电动势。由于温度梯度的存在，改变了材料中电子的能量分布，温度较高的一端电子具有较高的能量，并向温度较低的一端迁移，于是在材料两端之间形成了一个由高温端指向低温端的静电场。电子的迁移力和静电场达到平衡时所形成的电位差叫温差电势，如图 3-6 所示。温差电势的方向是由低温端指向高温端，其大小与材料两端温度和材料性质有关。如果 $T > T_0$，则温差电势为：

$$E(T, T_0) = \frac{k}{e} \int_{T_0}^{T} \frac{1}{N(t)} \mathrm{d}(N(t) \cdot t) \tag{3-7}$$

式中：T、T_0 为材料两端的温度，单位为 K；$N(t)$ 为材料的电子密度，是温度的函数。

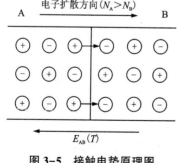

图 3-5　接触电势原理图

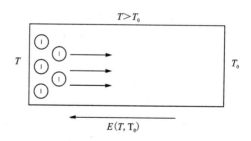

图 3-6　温差电势原理图

（3）热电偶闭合回路的总热电动势

如图 3-4 所示，由 A 和 B 两种材料组成热电偶回路，设 $T > T_0$，$N_A > N_B$，则闭合回路存在

两个接触电势 $E_{AB}(T)$、$E_{AB}(T_0)$ 和两个温差电势 $E_A(T, T_0)$、$E_B(T, T_0)$。闭合回路总热电动势为接触电势和温差电势的代数和，即：

$$E_{AB}(T, T_0) = E_{AB}(T) + E_B(T, T_0) - E_{AB}(T_0) - E_A(T, T_0) \quad (3-8)$$

将式(3-4)与式(3-5)代入整理可得：

$$E_{AB}(T, T_0) = \frac{k}{e}\int_{T_0}^{T}\ln\frac{N_A(t)}{N_B(t)}dt \quad (3-9)$$

由式(3-9)可得如下结论：

①只有两种不同性质的材料方能构成热电偶，相同材料组成的闭合回路不会产生热电势。

②在热电极材料一定的情况下，热电偶的热电势仅取决于测量端和参比端的温度，与热电极的形状和尺寸无关。

③使用热电偶测温必须保持参比端温度恒定，这样热电势才是测量端温度的单值函数，才能根据测得的热电势得到被测温度。

国际温标 ITS-90 规定，热电偶的温度测值为摄氏温度 $t(℃)$，参比端温度定 0℃，因此，实用的热电势写成 $E_{AB}(t, 0)$，简写为 $E_{AB}(t)$。

3.3.2   热电偶的基本定律

在实际测温时，热电偶回路中必然要引入测量热电势的显示仪表和连接导线，因此，现解了热电偶的测温原理之后，还要进一步掌握热电偶的一些基本规律，并能在实际测温中灵活而熟练地应用这些基本规律。

(1)均质材料定律

由一种均质材料组成的闭合回路，不论沿材料长度方向的各处温度如何分布，回路中均不产热电势。如果热电偶的两根热电极各自都是均质的，那么热电势仅与两接点温度有关，而与沿热电极长度方向的温度分布无关。如果热电极是非均质的，沿热电极长度方向又存在温度梯度，则将产生附加热电势，引入不均匀性误差。因此，热电极材料的均匀性是衡量热电偶质量的主要标志之一。在进行精密测量时，要尽可能地对热电极材料做均匀性检查和退火处理。

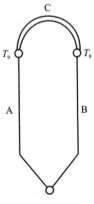

图 3-7   典型中间导体的连接方式

(2)中间导体定律

在热电偶测温回路中插入第三种(或多种)导体，只要其两端温度相同，热电偶回路的总热电势就与串联的中间导体无关。图 3-7 给出了典型中间导体的连接方式，其中 C 表示引入的第三种导体。

如果第三种导体分开的两点温度相同且等于 T_0，则回路总电势为：

$$E_{ABC}(T, T_0) = E_{AB}(T) + E_B(T, T_0) + E_{BC}(T_0) + E_{CA}(T_0) - E_A(T, T_0) \quad (3-10)$$

导体 B 与 C、A 与 C 在接点温度为 T_0 处的接触电势之和为：

$$E_{BC}(T_0) + E_{CA}(T_0) = \frac{kT_0}{e}\ln\frac{N_B(T_0)}{N_C(T_0)} + \frac{kT_0}{e}\ln\frac{N_C(T_0)}{N_A(T_0)} = \frac{kT_0}{e}\ln\frac{N_B(T_0)}{N_A(T_0)} = -E_{AB}(T_0) \quad (3-11)$$

于是有：

$$E_{ABC}(T, T_0) = E_{AB}(T) - E_{AB}(T_0) + E_B(T, T_0) - E_A(T, T_0) = E_{AB}(T, T_0) \quad (3-12)$$

中间导体定律表明，热电偶回路中可接入测量热电势的仪表，只要仪表处于稳定的环境温度中，原热电偶回路的热电势将不受接入测量仪表的影响。同时，该定律还表明，热电偶的接点不仅可以焊接而成，也可以借用均质等温的导体加以连接。在测量液态金属或固体表面温度时，不是把热电偶先焊接好再去测温，而是把热电偶丝的端头直接插入或焊在被测金属表面上，把液态金属或固体金属表面看作串接的第三种导体。

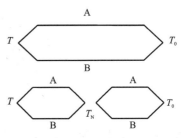

图 3-8 中间温度定律示意图

（3）中间温度定律

如图 3-8 所示，热电偶在两接点温度为 T、T_0 时的热电势等于该热电偶在两接点温度分别为 T、T_N 和 T_N、T_0 时相应热电势的代数和，即：

$$E_{AB}(T, T_0) = E_{AB}(T, T_N) + E_{AB}(T_N, T_0) \quad (3-13)$$

如果在 $T_N \sim T_0$ 温度区间内，材料 A' 和 A、B' 和 B 具有相同的热电性质，则式（3-13）可写成：

$$E_{AB}(T, T_0) = E_{AB}(T, T_N) + E_{A'B'}(T_N, T_0) \quad (3-14)$$

3.3.3 热电偶的结构和分类

为了适应不同的测温要求和条件，热电偶按照结构可分为普通热电偶、铠装热电偶、薄膜式热电偶等类型。

（1）普通热电偶

普通热电偶在工业上使用最多。如图 3-9 所示，它一般由热电极、绝缘管、保护管和接线盒组成。根据安装时的连接形式，普通热电偶还可分为固定螺纹连接、固定法兰连接、活动法兰连接、无固定装置等多种形式。

热电偶常以所用的热电极材料的种类来命名。热电极的直径由材料的价格、机械强度、电导率以及热电偶的用途和测温范围决定；热电极的长度则与被测对象有关，一般为 300 ~ 2000 mm，通常在 350 mm 左右。热电极材料决定了热电偶的测温性能，因此通常要求：①所组成的热电偶应输出较大的热电势，具有较高的灵敏度；②能应用于较宽的温度范围，物理化学性能、热电性能都较稳定，具有较好的耐热性、抗氧性、抗还原、抗腐蚀等性能；③具有较高的电导率和较低的电阻温度系数；④具有较好的工艺性能，便于成批生产；⑤具有满意的复现性，便于采用统一的分度表。

绝缘管是用来防止两根热电极短路的，通常采用氧化铝或工业陶瓷管。绝缘管的长度和孔径大小，取决于热电极的长度和直径。保护管的作用是避免热电极受被测对象的化学腐蚀或机械损伤，其材质主要有金属、非金属和金属陶瓷三类，一般根据测量范围、加热区长度、

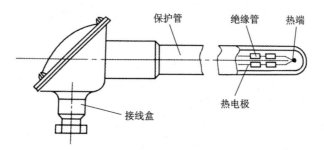

图 3-9　普通热电偶的结构

环境气氛以及测温的时间常数等条件来确定。科学研究中所用的热电偶有时是用细热电极丝自制焊接而成的，也可不用保护管，以减少热惯性，提高测量准确度。接线盒一般由铝合金制成，固定接线座，连接补偿导线，兼有密封和保护接线端子的作用。

（2）铠装热电偶

铠装热电偶是一种小型化、结构牢固、使用方便的特殊热电偶，是由热电极、绝缘材料（氧化镁或氧化铝）和金属套管组合加工成的一体式结构，其断面如图 3-10 所示。常用热电极材料均可制成铠装热电偶形式使用，外径一般为 0.25～12 mm，长度根据需要确定，最长可达 1500 m。铠装热电偶热惰性小，反应快，机械强度高，挠性好，耐高温，耐强烈振动和耐冲击，故而应用广泛。

（3）薄膜式热电偶

采用真空蒸镀或化学涂层等制造工艺将两种热电极材料蒸镀到绝缘基板上，即可制成薄膜式热电偶。基板由云母或浸渍酚醛塑料片等材料做成，热电极有镍铬-镍硅、铜-康铜等，结构如图 3-11 所示。薄膜式热电偶的热端接点极薄，适用于 300℃ 以下壁面温度的快速测量，使用时要用黏结剂将基片黏附在被测对象表面上，反应时间约为数毫秒。

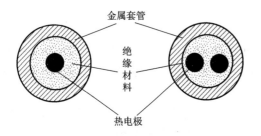

图 3-10　铠装热电偶断面结构图

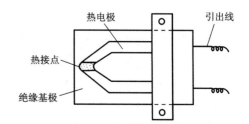

图 3-11　薄膜式热电偶的结构

3.3.4　标准化热电偶

标准化热电偶是指工艺成熟、成批生产、性能优良，并已被列入国家标准文件中的热电偶。国际电工委员会（IEC）推荐的工业用标准化热电偶有八种，目前我国的国家标准与国际标准统一。其中，分度号为 S、R、B 的三种热电偶由铂和铂铑合金制成，称为贵金属热电偶；

分度号 K、N、T、E、J 的五种热电偶由镍、铬、硅、铜、铝、锰、镁、钻等金属的合金制成，称为廉价金属热电偶。标准化热电偶具有统一的分度表，可以互换，并有与其相配套的显示仪表可供使用。表 3-2 列出了八种标准化热电偶的主要特性。

表 3-2　标准化热电偶的主要特性

名称	分度号	测量范围/℃	适用气氛	稳定性
铂铑$_{10}$-铂	S	−50~1600	氧化、中性	<1400℃，优；>1400℃，良
铂铑$_{13}$-铂	R			
铂铑$_{30}$-铂铑$_6$	B	200~1800	氧化、中性	<1500℃，优；>1500℃，良
镍铬-镍硅（铝）	K	−270~1300	氧化、中性	中等
镍铬硅-镍硅	N	−270~1260	氧化、中性、还原	良
铜-康铜	T	−270~350	氧化、中性、还原、真空	−170~200℃，优
镍铬-康铜	E	−270~1000	氧化、中性	中等
铁-康铜	J	−40~760	氧化、中性、还原、真空	<500℃，良；>1400℃，差

（1）铂铑$_{10}$-铂热电偶

在所有热电偶中，铂铑$_{10}$-铂热电偶的准确度等级最高，它的正极是铑的质量分数为 10% 的铂铑合金，负极为纯铂。其热电性能稳定，抗氧化性强，宜在氧化性或中性气氛中连续使用，长期使用温度为 1400℃，超过此温度，纯铂丝将因再结晶而使晶粒粗大。该热电偶分度表如表 3-3 所示。

表 3-3　铂铑$_{10}$-铂热电偶分度表

分度号：S　　　　　　　　　　　　（温度单位：℃；热电势单位：mV；冷端温度：0℃）

热端温度	0	10	20	30	40	50	60	70	80	90
−0	0.000	−0.053	−0.103	−0.150	−0.194	−0.236				
+0	0.000	0.055	0.113	0.173	0.235	0.299	0.365	0.433	0.502	0.573
100	0.646	0.720	0.795	0.872	0.950	1.029	1.110	1.191	1.273	1.357
200	1.441	1.526	1.612	1.698	1.786	1.874	1.962	2.052	2.141	2.232
300	2.323	2.415	2.507	2.599	2.692	2.786	2.880	2.974	3.069	3.164
400	3.259	3.355	3.451	3.548	3.645	3.742	3.840	3.938	4.036	4.134
500	4.233	4.332	4.432	4.532	4.632	4.732	4.833	4.934	5.035	5.137
600	5.239	5.341	5.443	5.546	5.649	5.753	5.857	5.961	6.065	6.170
700	6.275	6.381	6.486	6.593	6.699	6.806	6.913	7.020	7.128	7.236
800	7.345	7.454	7.563	7.673	7.783	7.893	8.003	8.114	8.226	8.337

续表3-3

热端温度	0	10	20	30	40	50	60	70	80	90
900	8.449	8.562	8.674	8.787	8.900	9.014	9.128	9.242	9.357	9.472
1000	9.587	9.703	9.819	9.935	10.051	10.168	10.285	10.403	10.520	10.638
1100	10.757	10.873	10.994	11.113	11.232	11.351	11.471	11.590	11.710	11.830
1200	11.951	12.071	12.191	12.312	12.433	12.554	12.675	12.796	12.917	13.038
1300	13.159	13.280	13.402	13.523	13.644	13.766	13.887	14.009	14.130	14.251
1400	14.373	14.494	14.615	14.736	14.857	14.978	15.099	15.220	15.341	15.461
1500	15.582	15.702	15.822	15.942	16.062	16.182	16.301	16.420	16.539	16.659
1600	16.777	16.895	17.013	17.131	17.249	17.366	17.483	17.600	17.717	17.832
1700	17.947	18.061	18.174	18.285	18.395	18.503	18.609			

（2）铂铑$_{30}$-铂铑$_6$热电偶

铂铑$_{30}$-铂铑$_6$热电偶是标准化热电偶中测温上限最高的热电偶，它的正极是铑的质量分数为30%的铂铑合金，负极是铑的质量分数为6%的铂铑合金，由于两个热电极均为铂铑合金，因此又称为双铂铑热电偶。铂铑$_{30}$-铂铑$_6$热电偶测量准确度高，适合在氧化或中性气氛中使用，可长时间在1600℃的温度下工作，短时间可测1800℃的高温，但灵敏度较低，价格昂贵。该热电偶分度表如表3-4所示。

表3-4 铂铑$_{30}$-铂铑$_6$热电偶分度表（冷端温度为0℃）

分度号：B　　　　　　　　　　（温度单位：℃；热电势单位：mV；冷端温度：0℃）

热端温度	0	10	20	30	40	50	60	70	80	90
0	-0.000	-0.002	-0.003	-0.002	0.000	0.002	0.006	0.011	0.017	0.025
100	0.033	0.043	0.053	0.065	0.078	0.092	0.107	0.123	0.141	0.159
200	0.178	0.199	0.220	0.243	0.267	0.291	0.317	0.344	0.372	0.401
300	0.431	0.462	0.494	0.527	0.561	0.596	0.632	0.669	0.707	0.746
400	0.787	0.828	0.870	0.913	0.957	1.002	1.048	1.095	1.143	1.192
500	1.242	1.293	1.344	1.397	1.451	1.505	1.561	1.617	1.675	1.733
600	1.792	1.852	1.913	1.975	2.037	2.101	2.165	2.230	2.296	2.363
700	2.431	2.499	2.569	2.639	2.710	2.782	2.854	2.928	3.002	3.078
800	3.154	3.230	3.308	3.386	3.466	3.546	3.626	3.708	3.790	3.873
900	3.957	4.041	4.127	4.213	4.299	4.387	4.475	4.564	4.653	4.473
1000	4.834	4.926	5.018	5.111	5.205	5.299	5.394	5.489	5.585	5.682
1100	5.780	5.878	5.976	6.075	6.175	6.276	6.377	6.478	6.580	6.683

续表3-4

热端温度	0	10	20	30	40	50	60	70	80	90
1200	6.786	6.890	6.995	7.100	7.205	7.311	7.417	7.524	7.632	7.740
1300	7.848	7.957	8.066	8.176	8.286	8.397	8.508	8.620	8.731	8.844
1400	8.956	9.069	9.182	9.296	9.410	9.524	9.639	9.753	9.868	9.984
1500	10.099	10.215	10.331	10.447	10.563	10.679	10.796	10.913	10.029	11.146
1600	11.263	11.380	11.497	11.614	11.731	11.848	11.965	12.082	12.199	12.316
1700	12.433	12.549	12.666	12.782	12.898	13.014	13.130	13.246	13.361	13.476
1800	13.591	13.706	13.820							

（3）镍铬-镍硅热电偶

镍铬-镍硅热电偶是工业上最常用的廉价金属标准化热电偶，正极为镍铬，负极为镍硅。镍铬-镍硅热电偶热电特性线性度好，灵敏度较高，复现性较好，价格低廉，化学稳定性好，可以在氧化性或中性气氛中使用，可长时间在 1000℃ 以下的温度中工作，短期可达到 1300℃。热电极直径范围较大，工业应用一般为 0.5~3 mm，根据需要可以拉延至更细直径。该热电偶分度表如表3-5所示。

表 3-5　镍铬-镍硅热电偶分度表

分度号：K　　　　　　　　　　　　　　　（温度单位：℃；热电势单位：mV；冷端温度：0℃）

热端温度	0	10	20	30	40	50	60	70	80	90
−200	−5.891	−6.035	−6.158	−6.262	−6.344	−6.404	−6.441	−6.458		
−100	−3.554	−3.852	−4.138	−4.411	−4.669	−4.913	−5.141	−5.354	−5.550	−5.730
−0	0.000	−0.392	−0.778	−1.156	−1.527	−1.889	−2.243	−2.587	−2.920	−3.243
+0	0.000	0.397	0.798	1.203	1.612	2.023	2.436	2.851	3.267	3.682
100	4.096	4.509	4.920	5.328	5.735	6.138	6.540	6.941	7.340	7.739
200	8.138	8.539	8.940	9.343	9.747	10.153	10.561	10.971	11.382	11.795
300	12.209	12.624	13.040	13.457	13.874	14.293	14.713	15.133	15.554	15.975
400	16.397	16.820	17.243	17.667	18.091	18.516	18.941	19.366	19.792	20.218
500	20.644	21.071	21.497	21.924	22.350	22.776	23.203	23.629	24.055	24.480
600	24.905	25.330	25.755	26.179	26.602	27.022	27.447	27.869	28.289	28.710
700	29.129	29.548	29.965	30.382	30.798	31.213	31.628	32.041	32.453	32.865
800	33.275	33.685	34.093	34.501	34.908	35.313	35.718	36.121	36.524	36.925
900	37.326	37.725	38.124	38.522	38.918	39.314	39.708	40.101	40.494	40.885
1000	41.276	41.665	42.053	42.440	42.826	43.211	43.595	43.978	44.359	44.740
1100	45.119	45.497	45.873	46.249	46.623	46.995	47.357	47.737	48.105	48.473

续表3-5

热端温度	0	10	20	30	40	50	60	70	80	90
1200	48.838	49.202	49.565	49.926	50.286	50.664	51.000	51.355	51.708	52.060
1300	52.410	52.759	53.106	53.451	53.795	54.138	54.479	54.819		

3.3.5　非标准化热电偶

非标准化热电偶统指没有列入国家标准的热电偶，其应用范围及生产规模也不如标准化热电偶。然而，随着现代科学技术的发展，大量的非标准化热电偶得到迅速发展，以满足某些特殊测温要求。

①钨铼系热电偶。钨铼系热电偶是最成功的难熔金属热电偶，最高可测到2400～2800℃，但在空气中易氧化，只能用于干燥氢气、真空和惰性气氛中的测量。其热电势约为铂铑$_{10}$-铂热电偶的2倍，在2000℃时热电势接近30 mV。钨铼系热电偶是冶金、材料、航空、航天与核能等行业中重要的测温工具。

②铱铑系热电偶。铱铑$_{40}$-铱热电偶的测温范围为1800～2200℃，主要用于喷气发动机燃烧区的测温。

③镍铬-金铁热电偶。镍铬-金铁热电偶在低温时热电势较大，可在2～273 K温度范围内使用。

④镍钴-镍铝热电偶。镍钴-镍铝热电偶的测温范围为300～1000℃，在300℃以下其热电势很小，室温附近几乎为零，因此测量时可不必进行冷端温度补偿。

⑤非金属热电偶。近年来对非金属热电偶的研究取得了一定突破，目前已有石墨-石墨热电偶、石墨-二硼化锆热电偶和石墨-碳化钛热电偶等产品。非金属热电偶的显著优点是热电势远大于金属热电偶，在各种气氛中物理化学性能都很稳定，测量上限为3000℃以上。但复现性很差，没有统一的分度表，机械强度低。

3.3.6　热电偶的冷端补偿

根据热电偶的测温原理，只有在冷端温度固定时，热电偶的输出电势才只是热端温度的单值函数。同时，为了使用热电偶的分度表，必须保持冷端温度$t_0 = 0℃$。而在实际测量过程中，往往由于现场条件等，冷端温度不能维持在0℃，使热电偶输出的电势值产生误差，因此需要对热电偶的冷端温度进行处理，这些处理方法和措施统称为热电偶的冷端补偿。

（1）冰点法

冰点法的步骤是将碎冰和纯水的混合物放置于保温瓶，将底部注入适量油类或水银的细玻璃试管插入冰水混合物之中，再将热电偶的冷端伸入至试管底部。冰点法能够使t_0稳定地维持在0℃，因此可以完全消除冷端温度对热电势的影响。

（2）计算修正法

在没有条件实现冰点法时，可设法将热电偶的冷端置于已知的恒温条件下，假设被测温度(即热端温度)为 t，冷端温度为 t_0，则测得的热电势为 $E(t, t_0)$，根据中间温度定律有：

$$E(t, 0) = E(t, t_0) + E(t_0, 0) \tag{3-15}$$

利用分度表先查出热电势 $E(t_0, 0)$，则可以计算出合成热电势 $E(t, 0)$，再按照该值去查分度表，最终得到被测温度 t。

(3)冷端补偿器法

在很多工业生产过程中，不仅没有条件保持冷端温度为 0℃，甚至无法长期维持冷端恒温，热电偶的冷端温度往往是随时间和所处环境的变化而变化的。在此情况下，可以采用冷端补偿器法进行冷端温度补偿。

冷端补偿器实质上是一个不平衡电桥。如图 3-12 所示，桥臂 $R_1 = R_2 = R_3 = 1\ \Omega$，采用锰铜丝无感绕制，电阻温度系数趋于零；桥臂 R_4 用铜丝无感绕制，当温度为 0℃ 时，$R_4 = 1\ \Omega$。R_g 为限流电阻，配用不同分度号热电偶时作为调整补偿器供电电流之用。桥路的供电电压为直流 4 V。

当热电偶冷端和补偿器的温度 $t_0 = 0℃$ 时，补偿器桥路四臂电阻均为 $1\ \Omega$，电桥处于平衡状态，桥路输出端电压 $U_{ba} = 0$，此温度称为平衡点温度。显示仪表所测得的总电势为：

$$E = E(t, t_0) + U_{ba} = E(t, 0) \tag{3-16}$$

当 t_0 随环境温度升高时，R_4 增大，a 点电位降低，U_{ba} 增加，同时 $E(t, t_0)$ 减小。因此，只要冷端补偿器设计合理，使得 U_{ba} 的增加值恰好等于 $E(t, t_0)$ 的减小值，那么显示仪表所测得的总电势 E 将不随 t_0 而变，相当于热电偶冷端自动处于 0℃。只有在某一特定温度下，U_{ba} 的增加值才能恰好等于 $E(t, t_0)$ 的减小值，此温度称为计算点温度。显然，冷端补偿器只有在平衡点温度和计算点温度下才能完全补偿冷端温度变化引起的误差，而在其他冷端温度值时只能进行近似补偿，因此采用冷端补偿器作为冷端温度的处理方法会带来一定的附加误差。我国工业用冷端补偿器的平衡点温度有 0℃ 和 20℃ 两种，它们的计算点温度均为 40℃。

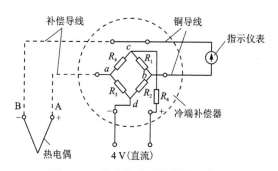

图 3-12　热电偶冷端补偿器示意图

(4)补偿导线法

工业用热电偶的长度一般比较短，但在实际应用中，常常需要将热电偶的输出信号远传至控制室，送至显示仪表或控制仪表。如果用铜导线把信号从热电偶的冷端引至控制室，则热电偶的冷端仍在被测对象附近，易受被测对象的影响而不稳定。如果设法把热电偶延长并直接引到控制室，这样冷端温度就比较稳定了，而这种加长的办法对于廉价热电偶还可以接受，但对于贵金属热电偶价格就太高了。常用的解决办法是采用补偿导线法。补偿导线是一种特殊的导线, 其热电特性在一定范围内与所取代的热电偶基本一致, 且电阻率低, 价格比热电偶便宜。

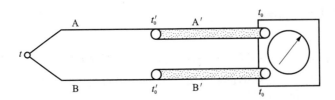

图 3-13　热电偶与补偿导线接线图

如图 3-13 所示, A 和 B 为热电偶的两个热电极, A′ 和 B′ 则是作为对应的补偿导线来延长热电偶的, 引入补偿导线后, 冷端温度由 t_0' 变为 t_0, 则回路总电势为:

$$E = E_{AB}(t, t_0') + E_{A'B'}(t_0', t_0) \tag{3-17}$$

由于补偿导线热电特性与热电偶基本一致, 根据中间温度定律, 有:

$$E = E_{AB}(t, t_0) \tag{3-18}$$

这相当于把热电偶的冷端迁移到 t_0 处, 然后再接入冷端补偿器或采用其他方法进行冷端温度补偿。为保证测量准确度, 使用补偿导线时必须严格遵守有关规定, 如补偿导线型号必须与热电偶配套, 环境温度不能超出其使用温度范围等, 以免产生附加误差。

3.3.7　热电偶的校验

热电偶在使用前要预先进行检定, 使用中的热电偶也要定期校验, 以确定是否合格。工业热电偶通常采用比较法校验, 即用标准铂铑$_{10}$-铂热电偶作为标准仪器来进行比较。

(1) 校验点

为了节省时间和减少工作量, 通常只在热电偶测温范围内的若干温度点上对其进行校验, 校验点的选取如表 3-6 所示, 校验时要求温度控制在校验点 ±10℃ 范围内。对于廉价金属热电偶, 如在 300℃ 以下使用, 应增加 100℃ 校验点(此校验通常在油槽中进行, 标准表采用标准水银温度计)。

表 3-6　热电偶的校验点

分度号	热电偶材料	校验点/℃			
S	铂铑$_{10}$-铂	600	800	1000	1200
K	镍铬-镍硅	400	600	800	1000
E	镍铬-康铜	300	400	500	600

(2) 校验步骤

校验时常采用比较法, 即用被校热电偶和标准热电偶同时测量同一对象的温度, 比较两者示值, 以确定被校热电偶的基本误差等质量指标。如图 3-14 所示, 在比较法热电偶校验系统中，管状电炉被用作加热装置，被校热电偶和标准热电偶的测量端用铂丝绑扎在一起，插到炉内温度均匀处。为了避免被校热电偶对标准热电偶产生有害影响，可给标准热电偶套上保护套管。测量端插入炉内的深度一般要求为 300 mm，对于较短的热电偶，其插入深度不得小于 150 mm。为了保证被校热电偶与标准热电偶的测量端处于同一温度，可以将两热电偶的测量端放置在金属镍块中，再将镍块置于炉子的恒温区。

将热电偶放入炉中后，用石棉绳封严炉口，热电偶的冷端置于冰点槽中以保持 0℃。通过调压变压器调节炉温，当炉温达到校验温度点 ±10℃ 范围内时，调节加热电流，尽量保持炉温恒定。在炉温变化每分钟不超过 0.2℃ 时，使用直流电位差计测量热电偶的热电势。在每一个校验温度点上，对标准热电偶和被校热电偶的热电势的读数不得少于 4 次，求得热电势的算术平均值，然后利用分度表查取相应的测量温度，比较两者的测量结果。只有在每个校验点的误差都小于允许误差时，被校热电偶才算合格。

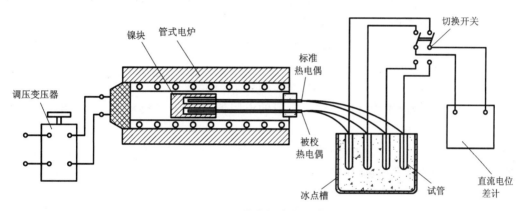

图 3-14 热电偶检定系统图

3.4 热电阻

利用导体或半导体的电阻与温度之间的单一函数关系来测量温度的元件称为热电阻。按照材料的不同，热电阻分为金属热电阻和半导体热敏电阻两类。

3.4.1 热电阻的测温原理

对于大多数金属导体，其电阻和温度的关系可表示为：

$$R_t = R_0(1 + At + Bt^2 + Ct^3) \tag{3-19}$$

式中：R_0 和 R_t 分别为 0℃ 和 t℃ 时金属导体的电阻值；A、B 和 C 均为与金属导体材料有关的系数。

大多数半导体材料都具有负温度系数，其电阻和温度的关系为：

$$R_T = R_{T_0} \exp[(1/T) - (1/T_0)] e^{\left(\frac{1}{T} - \frac{1}{T_0}\right)} \tag{3-20}$$

式中：R_{T_0} 和 R_T 分别为 $T_0[\mathrm{K}]$ 和 $T[\mathrm{K}]$ 时半导体的电阻值；B 为与半导体材料有关的系数。

虽然大多数材料的电阻值均有随温度变化而变化的性质，但并不是所有的材料都能作为测量温度的热电阻的。合适的热电阻材料应满足以下条件：①电阻温度系数大，测温灵敏度高；②电阻率大，测温元件体积小、热惯性小；③在测温范围内物理和化学性质稳定；④电阻温度特性尽可能接近线性；⑤复现性好，互换性好，易于加工，价格低廉。

3.4.2 常用热电阻

（1）铂热电阻

以铂作为感温元件的热电阻称为铂热电阻。铂热电阻具有测温准确度高、性能稳定、抗氧化性强等优点，因此在基准、实验室和工业中被广泛使用。但其在高温下容易被还原性气氛所污染，使铂丝变脆，改变其电阻温度特性，所以需用套管保护方可使用。

铂热电阻的测温范围为-200~650℃，其电阻与温度之间的关系近似成线性。

当-200℃≤t≤0℃时，

$$R_t = R_0 [1 + At + Bt^2 + C(t-100)t^3] \quad (3-21)$$

当0℃≤t≤650℃时，

$$R_t = R_0(1 + At + Bt^2) \quad (3-22)$$

式中：R_0 和 R_t 分别为0℃和t℃时铂热电阻的电阻值；$A = 3.9083 \times 10^{-3}℃^{-1}$；$B = -5.775 \times 10^{-7}℃^{-2}$；$C = -4.22 \times 10^{-12}℃^{-4}$。

热电阻的分度号以0℃时的电阻值 R_0 来进行划分。对于铂热电阻，常用的 R_0 有10 Ω和100 Ω两种，对应的标准铂热电阻分度号为Pt10和Pt100。

（2）铜热电阻

在测温准确度要求不高且温度较低的场合，铜热电阻得到了广泛的应用。铜热电阻的测温范围为-50~150℃，常用分度号有Cu50和Cu100两种。铜热电阻电阻温度系数较大，价格便宜，但电阻率低，因而体积大，热惯性也较大。

铜热电阻的电阻温度特性关系为：

$$R_t = R_0[1 + At + Bt(t-100) + Ct^2(t-100)] \quad (3-23)$$

式中：$A = 4.28 \times 10^{-3}℃^{-1}$；$B = -9.31 \times 10^{-8}℃^{-2}$；$C = 1.23 \times 10^{-9}℃^{-3}$。

（3）半导体热敏电阻

半导体热敏电阻常采用半导体材料作为感温元件，其电阻随温度呈指数变化。半导体热敏电阻的材料通常是铁、镍、锰、钛、镁、铜等的氧化物，也可以是它们的碳酸盐、硝酸盐或氯化物等，测温范围为-40~350℃。

半导体热敏电阻具有结构简单、灵敏度高、电阻值高、体积小、响应时间短等优点，但也存在电阻温度特性关系非线性严重、元件性能不稳定、互换性差、准确度较低等不足。目前半导体热敏电阻还仅用于一些测温要求较低的场合，但随着半导体材料和器件的发展，其应用前景可期。

3.4.3 热电阻的结构

铂热电阻体是将细的纯铂丝绕在石英或云母骨架上，铜热电阻体则大多是将细铜丝绕在胶木骨架上。图 3-15(a)为标准铂热电阻，铂丝无应力轻附在螺旋形石英骨架上，引出线为直径 0.2 mm 过渡到 0.3 mm 的铂丝，外套以石英套管保护。如图 3-15(b)所示的铂热电阻是先在锯齿状云母薄片上绕细铂丝，外敷一层云母片后缠以银带束紧，最外层用金属套管保护，再引出线为直径 1 mm 的银丝，这种形式的铂热电阻多用于 500℃ 以下的工业测温中。图 3-15(c)为铜热电阻，用直径 0.1 mm 高强度绝缘漆包铜丝无感双线绕在圆柱塑料骨架上，后用绝缘漆黏固，装入金属保护套管中，用直径 1 mm 的铜丝作为引出线。为了改善换热条件，对于图 3-15(b)和图 3-15(c)的结构形式，在电阻体和金属保护套管之间常置有金属片制成的夹持件或铜制内套管。

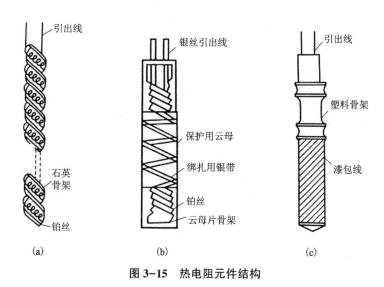

图 3-15 热电阻元件结构
(a)标准铂电阻；(b)铂电阻；(c)铜电阻

3.5 辐射温度计

辐射温度计是通过测量物体的辐射通量给出按温度单位分度的输出信号的仪表。由于辐射温度计可以不接触测量物体，因此对测量物体的温度场破坏很小，近年来得到了较快的发展和应用。按照测量的辐射能波段的不同，辐射温度计大致分成两类：一类是光学辐射高温计，包括单色辐射高温计、全辐射高温计和比色温度计等；另一类是红外辐射温度计，包括全红外线辐射型、单色红外辐射型和比色型等。

3.5.1 辐射测温原理

任何物体都能以电磁波的形式向周围辐射能量。辐射测温的物理基础是普朗克定律和斯忒藩-玻耳兹曼定律。

（1）普朗克定律

单位时间内单位表面积向其上的半球空间的所有方向辐射出去的在包含波长 λ 在内的单位波长内的能量称为光谱辐射力，单位为 $W/(m^2 \cdot m)$。绝对黑体的单色辐射强度 $E_{0\lambda}$ 随波长的变化规律由普朗克定律确定，即：

$$E_{0\lambda} = c_1 \lambda^{-5} (e^{\frac{c_2}{\lambda T}} - 1)^{-1} \qquad (3-24)$$

式中：c_1、c_2 分别为普朗克第一、第二辐射常数，$c_1 = 3.742 \times 10^{-16} W \cdot m^2$，$c_2 = 1.438 \times 10^{-2} m \cdot K$；$\lambda$ 为辐射波长；T 为绝对黑体的热力学温度。

对于实际物体（灰体），某一波长下的辐射强度 E_λ 为：

$$E_\lambda = \varepsilon c_1 \lambda^{-5} (e^{\frac{c_2}{\lambda T}} - 1)^{-1} \qquad (3-25)$$

式中：ε 为实际物体的辐射率，其值 $0 < \varepsilon \leqslant 1$。

普朗克定律适用于任何温度，但实际使用很不方便。因此，在温度低于 3000 K 时，式（3-25）可用如式（3-26）所示的维恩公式代替，误差不超过 1%。

$$E_{0\lambda} = c_1 \lambda^{-5} e^{-\frac{c_2}{\lambda T}} \qquad (3-26)$$

维恩公式计算较为方便，是光学温度计的理论基础。普朗克定律的函数曲线如图 3-16 所示。从曲线可知，当温度增高时，单色辐射强度随之增长，曲线的峰值随温度升高向波长较短方向移动。

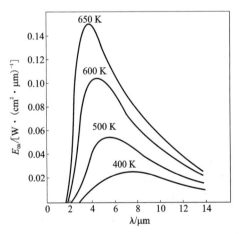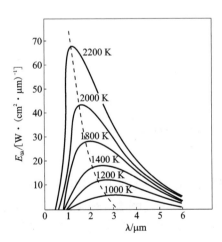

图 3-16　辐射强度与波长和温度的关系曲线

（2）斯忒藩-玻耳兹曼定律

单位时间内单位表面积向其上的半球空间的所有方向辐射出去的全部波长范围内的能量

称为辐射力, 单位为 W/m^2。斯忒藩-玻耳兹曼定律建立了物体总的辐射力 E_0 与热力学温度 T 之间的定量关系, 即:

$$E_0 = \int_0^\infty E_{0\lambda} = \int_0^\infty c_1\lambda^{-5}(e^{\frac{c_2}{\lambda T}} - 1)^{-1}d\lambda = \sigma_0 T^4 \tag{3-27}$$

式中: σ_0 为斯忒藩-玻耳兹曼常数, 其值为 5.6697×10^{-8} $W/(m^2 \cdot K^4)$。

式(3-27)表明, 绝对黑体的全辐射能量与其热力学温度的四次方成正比。

3.5.2 单色辐射高温计

由普朗克定律可知, 物体在某一波长下的单色辐射强度与其热力学温度之间有单值函数关系, 而且单色辐射强度的增长速度比温度的增长速度快得多。根据这一原理制作的高温计叫作单色辐射高温计。

当物体温度高于700℃时, 会明显地发出可见光, 具有一定的亮度。物体在波长 λ 的亮度 B_λ 和它的辐射强度 E_λ 成正比, 即:

$$B_\lambda = cE_\lambda \tag{3-28}$$

式中: c 为比例常数。

根据维恩公式, 绝对黑体在波长 λ 的亮度 $B_{0\lambda}$ 与温度 T 的关系为:

$$B_{0\lambda} = cE_{0\lambda} = cc_1\lambda^{-5}e^{-\frac{c_2}{\lambda T}} \tag{3-29}$$

实际物体在波长 λ 的亮度 B_λ 与温度 T 的关系为:

$$B_\lambda = c\varepsilon_\lambda c_1\lambda^{-5}e^{-\frac{c_2}{\lambda T}} \tag{3-30}$$

由式(3-30)可知, 用同一种测量亮度的单色辐射高温计来测量单色辐射率 ε_λ 不同的物体温度时, 即使它们的亮度 B_λ 相同, 其实际温度也会因为 ε_λ 的不同而不同。这就使得按某一物体的温度刻度的单色辐射高温计, 不能用来测量辐射率不同的另一个物体的温度。为了解决此问题, 使光学高温计具有通用性, 对这类高温计做出了这样的规定: 单色辐射光学高温计的刻度按绝对黑体($\varepsilon_\lambda = 1$)的温度进行刻度。用这种刻度的高温计去测量实际物体($\varepsilon_\lambda \neq 1$)的温度时, 所得到的温度示值叫作被测物体的亮度温度。亮度温度的定义是: 在波长为 λ 的单色辐射中, 若物体在温度为 T 时的亮度 B_λ 和绝对黑体在温度为 T_s 时的亮度 $B_{0\lambda}$ 相等, 则把绝对黑体温度 T_s 叫作被测物体在波长为 λ 时的亮度温度。按此定义, 可推导出被测物体的实际温度 T 和亮度温度 T_s 之间的关系为:

$$\frac{1}{T_s} - \frac{1}{T} = \frac{\lambda}{c_2}\ln\frac{1}{\varepsilon_\lambda} \tag{3-31}$$

由此可见, 使用已知波长 λ 的单色辐射光学高温计测得物体亮度温度后, 必须同时知道物体在该波长的辐射率 ε_λ, 如此才可知道实际温度。因为实际物体 $0<\varepsilon_\lambda<1$, 所以测到的亮度温度总是低于真实温度。

(1)灯丝隐灭式光学高温计

灯丝隐灭式光学高温计是一种典型的单色辐射光学高温计, 在所有辐射温度计中精度最高。如图 3-17 所示, 该高温计的核心元件是一只标准灯, 其弧形钨丝灯的加热采用直流电源 E, 用滑线电阻器调整灯丝电流以改变灯丝亮度。标准灯经过校准, 电流值与灯丝亮度关系成为已知。灯丝的亮度温度由测量电表测出。物镜和目镜均可沿轴向调整，调整目镜的位置使观测者能清晰地看到标准灯的弧形灯丝，调整物镜的位置使被测物体成像在灯丝平面上，在物像形成的发光背景上可以看到灯。观测者目视比较背景和灯丝的亮度，如果灯丝亮度比被测物体的亮度低，则灯丝在背景上显现出暗的弧线，如图 3-18(a) 所示；若灯丝亮度比被测物体的亮度高，则灯丝在相对较暗的背景上显现出亮的弧线，如图 3-18(b) 所示；只有当灯丝亮度和被测物体亮度相等时，灯丝才隐灭在物像的背景里，如图 3-18(c) 所示，此时测量电表指示的电流值就是被测物体亮度对应的读数。

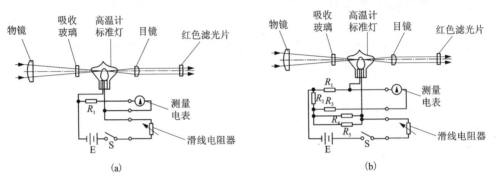

图 3-17　灯丝隐灭式光学高温计原理图

(a)电压式；(b)电桥式

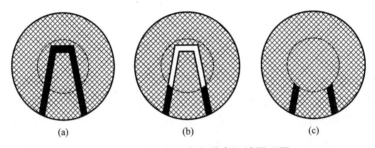

图 3-18　灯丝隐灭式光学高温计原理图

(a)灯丝太暗；(b)灯丝太亮；(c)隐丝(正确)

由于灯丝从 600℃ 才开始发光，因此光学高温计的测温下限不能低于 600℃。这样一来，一般的光学高温计就有两个刻度：一个是 800~1400℃，当亮度温度超过 1400℃ 时，钨丝过热开始升华，形成灰暗的薄膜而造成测量误差；另一个是 1400~2000℃，图 3-17 所示的吸收玻璃的作用就是保证标准灯钨丝不过热的情况下能延伸仪表的测量范围，利用吸收玻璃将减弱了的被测热源的辐射亮度和灯丝亮度进行比较，使测温上限达到 1400~2000℃。

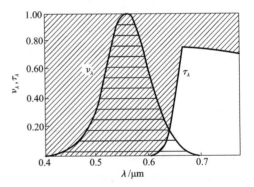

图 3-19　红色滤光片光谱透过系数 τ_λ 和人眼的相对光谱敏感度 ν_λ 曲线

在对被测物体和灯丝亮度进行比较时，必须加入红色滤光片，以造出单色光（红光）。图 3-19 给出了红色滤光片的光谱透过系数 τ_λ 曲线和人眼的相对光谱敏感度 ν_λ 曲线。两条曲线的共同部分就是能透过滤光片，被人眼感受到的光谱段，为 $\lambda = 0.62 \sim 0.72\ \mu m$。该波段的重心波长 $\lambda \approx 0.66\ \mu m$，称为光学高温计的有效波长。这是单色辐射光学高温计的一个重要特征参数，在亮度高温计的设计和温度换算中都必须用到它。

（2）光电高温计

光电高温计是在光学高温计的基础上发展起来的，可以自动平衡亮度、自动连续记录被测温度示值的测温仪表。光电高温计是用光电器件作为仪表的敏感元件，替代人的眼睛来感受辐射源的亮度变化，并换成与亮度成比例的电信号，经电子放大器放大后，输出与被测物体温度相应的示值，并自动记录。为了减小光电器件、电子元件参数变化和电源电压波动对测量的影响，光电高温计采用负反馈原理进行工作。

（3）使用单色辐射高温计的注意事项

①非黑体辐射的影响。由于被测物体均为非黑体，其辐射率随波长、温度、物体表面情况变化而变化，被测物体温度示值可能具有较大误差。为此，人们往往把一根具有封底的细长管插入到被测对象中去，管底的辐射就近似于黑体辐射。光学高温计测得的管子底部温度就可以视为被测对象的真实温度。

②中间介质理论上光学高温计与被测目标没有距离上的要求，只要求物像能均匀布满目镜视野即可。实际上其间的灰尘、烟雾、水蒸气和二氧化碳等对热辐射均可能有散射效应或吸收作用而造成测量误差。所以，实际使用时高温计与被测物体距离不宜太远，一般在 $1 \sim 2\ m$ 比较合适。

③被测对象光学高温计不宜测量反射光很强的物体，不能测量不发光的透明火焰，也不能用光学高温计测量"冷光"的温度。

3.5.3　全辐射高温计

全辐射高温计是根据全辐射定律制作的温度计，由式（3-27）可知，当知道黑体的全部辐射能量 E_0 后，就可以知道温度 T。图 3-20 为全辐射高温计原理示意图。物体的全辐射能量由物镜聚集经光阑投射到热接收器上，这种热接收器多为热电堆结构。热电堆是由 $4 \sim 8$ 支微型热电偶串联而成的，以得到较大的热电势。热电堆的测量端贴在类十字形的铂箔上，铂箔涂成黑色以增加热吸收系数。热电堆的输出热电势接到显示仪表或记录仪器上。热电堆的参比端贴夹在热接收器周围的云母片中。在瞄准物体的过程中可以通过目镜进行观察，目镜前有灰色滤光片，是用来削弱光强，以保护观察者的眼睛的。

全辐射高温计按绝对黑体对象进行分度。用它测量黑度为 ε 的实际物体温度时，其示值并非真实温度，而是被测物体的辐射温度。辐射温度的定义为：温度为 T 的物体，其全辐射能量 E 等于温度为 T_p 的绝对黑体全辐射能量 E_0 时，则温度叫作被测物体的辐射温度。

$$T = T_p \sqrt[4]{1/\varepsilon} \tag{3-32}$$

由于 ε 总是小于 1 的数，因此辐射温度总是低于真实温度。

使用全辐射高温计时要注意以下问题：

①全辐射体的辐射率随物体的成分、表面状态、温度和辐射条件的不同而不同，因此应

尽可能准确地确定被测物体的辐射率,以提高测量的准确度。

②被测物体与高温计之间的距离 L 和被测物体的直径 D 之比(L/D)有一定的限制。每一种型号的全辐射高温计,对 L/D 的范围都有规定,使用时应按规定去做,否则会引起较大误差。

③使用时环境温度不宜太高,否则会导致热电堆参比端温度升高而增加测量误差。

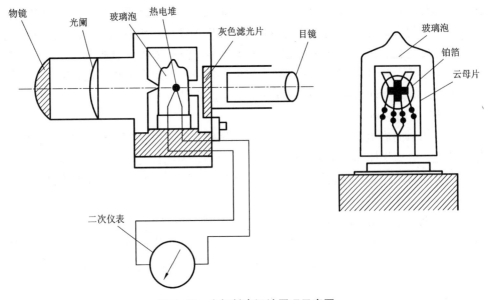

图 3-20　全辐射高温计原理示意图

3.5.4　比色温度计

光学高温计和全辐射高温计是目前常用的辐射高温计,它们共同的缺点是会受到实际物体辐射率的影响和辐射途径上各种介质的选择性吸收辐射能的影响。根据维恩公式制作的比色温度计可以较好地解决上述问题。

根据维恩位移公式可知,当温度增加时,绝对黑体的最大单色辐射强度向波长减小的方向移动,使得在波长 λ_1 和 λ_2 下的亮度比随温度而变化,测量亮度比的变化即可知道相应的温度,这便是比色温度计的测温原理。

对于温度为 T_s 的绝对黑体,由维恩公式可知,相应于 λ_1 和 λ_2 的亮度分别为:

$$B_{0\lambda_1} = cc_1\lambda_1^{-5}e^{-\frac{c_2}{\lambda_1 T_s}}$$

$$B_{0\lambda_2} = cc_1\lambda_2^{-5}e^{-\frac{c_2}{\lambda_2 T_s}}$$

两式相除后取对数,可求出:

$$T_s = \frac{c_2\left[(1/\lambda_2)-(1/\lambda_1)\right]}{\ln(B_{0\lambda_1}/B_{0\lambda_2})-5\ln(\lambda_2/\lambda_1)} \tag{3-33}$$

只要知道在两波长下的亮度比,就可以求出被测黑体的温度 T_s。

若温度为 T 的实际物体的两个波长下的亮度比值与温度为 T_s 的黑体在同样波长下的亮度比值相等,则把 T_s 叫作实际物体的比色温度。根据其定义,可导出下面的公式:

$$\frac{1}{T}-\frac{1}{T_s}=\frac{\ln\left(\dfrac{\varepsilon_{\lambda_1}}{\varepsilon_{\lambda_2}}\right)}{c_2\left(\dfrac{1}{\lambda_1}-\dfrac{1}{\lambda_2}\right)} \tag{3-34}$$

比色温度计按光和信号检测方法可分为单通道式和双通道式。单通道式是采用一个光电检测元件,光电变换输出的比值较稳定,但动态品质较差;双通道式结构简单,动态特性好,但测量准确度和稳定性较差。

3.5.5　红外温度计

红外温度计和热像仪是根据普朗克定律进行温度测量的。任何物体只要其温度高于绝对零度,则都会因为分子的热运动而辐射红外线,物体发出红外辐射能量与物体绝对温度的四次方成正比,通过红外探测器将物体辐射的功率信号转换成电信号后,该信号经过放大器和信号处理电路,按照仪器内部的算法和目标辐射率校正后,即可转变为被测目标的温度值。

(1)红外温度计

红外线波长范围是 $0.78\sim100~\mu m$。红外辐射在大气中传播,由于大气中各种气体对辐射的吸收会造成很大衰减,只有三个红外波段($1\sim2.5~\mu m$,$3\sim5~\mu m$,$8\sim13~\mu m$)的红外辐射能够透过大气向远处传输,这三个波段就被称作大气窗口。红外测温系统常常在 $3\sim5~\mu m$ 和 $8\sim13~\mu m$ 两个波段内工作。红外温度计由红外探测器和显示仪表两大部分组成,是一个包括光、机、电的红外测温系统。红外温度计按测量方式的不同可分为固定式与扫描式,根据光学系统的不同可分成变焦点式与固定焦点式。红外温度计按测量波长的分类见表 3-7。

表 3-7　红外温度计按测量波长分类

色型	波段	名称	测量波长/μm	测量温度下限/℃
单色型	宽波段	—	$8\sim13$	−50
zhe	窄波段	硅辐射温度计	0.9	400
		锗辐射温度计	1.6	250
		PbS 辐射温度计	2	150
		PbSe 辐射温度计	4	100
		光学辐射温度计	0.66(0.66)	800
双色型	窄波段	硅辐射温度计	0.80, 0.97	600
		锗辐射温度计	1.50, 1.65	400
		PbS 辐射温度计	2.05, 2.35	300

红外温度计体积小，使用方便，测温精度为±0.5℃（-10~+50℃）~±2.0℃（-30~+100℃），距离系数（被测目标距离/光学目标的直径）为5∶1。

（2）红外热像仪

红外热像仪利用红外探测器按顺序直接测量物体各部分发射出的红外辐射，综合起来就得到物体发射红外辐射通量的分布图像，这种图像称为热像图。由于热像图本身包含了被测物体的温度信息，因此也称温度图。

红外热像仪的测温原理如图3-21所示。扫描系统把被测对象的辐射经光学系统的扫描镜，聚焦在焦平面上。焦平面内安置红外探测元件。在光学会聚系统与探测器之间有一套光学-机械扫描装置，它由两个扫描反光镜组成，一个用作垂直扫描，另一个用作水平扫描。从目标入射到探测器上的红外辐射随着扫描镜的转动而移动，按次序扫过物空间的整个视场。在扫描过程中，入射红外辐射能使探测器产生响应。一般来说，探测器的响应是与红外辐射的能量成正比的电压信号，扫描过程中会使二维的物体辐射图形转换成一堆电子视频信号系列。该信号经过放大、发射率修正和环境温度补偿后，由视频监视系统实现热像显示和温度测量。

简而言之，红外热像仪就是通过非接触探测红外热量，并将其转换生成热图像和温度值，进而显示在显示器上，并可以对温度值进行计算的一种检测设备。热像仪用于面积大且温度分布不均匀的被测对象上，可求其整个面积的平均温度或表面温度场随时间的变化；在有限的区域内，可寻找过热点或过热区域的情况。

红外热像仪一般分为光机扫描成像系统和非光机扫描成像系统。

光机扫描成像系统采用单元或多元光电、光导或光伏红外探测器。单元探测器获得图像时间长，多元阵列探测器也可做成实时热成像仪。

非光机扫描成像的焦平面热像仪，其探测器由单片集成电路组成，被测目标的整个视野都聚集在上面，图像更加清晰，采用PC卡，仪器非常小巧轻便。

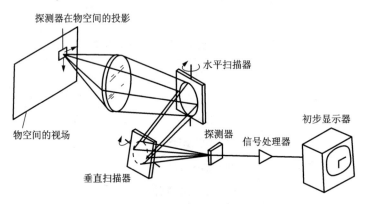

图3-21　扫描热像仪原理示意图

3.6 温度测量仪表的选择与使用

3.6.1 温度计的选择原则

温度计的选择需要考虑的因素很多, 诸如测温范围、测量准确度、仪表应具备的功能、环境条件、维护技术、仪表价格等, 可归为以下几方面:

①满足生产工艺对测温提出的要求。根据被测温度范围和允许误差, 确定仪表的量程及准确度等级。在一些需长期观察的测温点, 可选择自动记录式仪表。对一些只要求温度监测的场合, 通常选择指示式仪表即可。如果需自动控温, 则应选择带控制装置的测温仪表或配用温度变送器, 组成灵活多样的控温系统。

②组成测温系统的各基本环节必须配套。感温元件、变送器、显示仪表和连接导线都有确定的性能、规格和型号, 必须配套使用。

③注意仪表工作的环境。了解和分析生产现场的环境条件, 诸如气氛的性质(氧化性、还原性等)、腐蚀性、环境温度、湿度、电磁场、振动源等, 据此选择恰当的感温元件、保护管、连接线, 并采用合适的安装措施, 以保证仪表能可靠工作和达到应有的使用寿命。

④投资小且管理维护方便。在满足工艺要求的前提下, 尽量选用结构简单、工作可靠、易于维护的测量仪表。对一个设备进行多点测温时, 可考虑数个测温元件共用一个多点记录仪。

3.6.2 接触式和非接触式测温元件的选型

对于接触式温度测量仪表, 在温度低于 500℃ 的中低温区, 测温元件一般选用热电阻或热敏电阻; 在温度高于 500℃ 的高温区, 使用得较多的是热电偶。

热电偶的选用除了需考虑被测对象的温度范围外, 还需考虑使用环境的气氛, 通常被测对象的温度范围在−200~300℃ 时, 可选用 T 型热电偶(廉金属热电偶中精度最高)或 E 型热电偶(廉金属热电偶中热电势最大、灵敏度最高)。当上限温度低于 1000℃ 时, 可优先选 K 型热电偶, 其优点为使用温度范围宽(上限最高可达 1300℃), 高温性能较稳定, 价格比满足该温区的其他热电偶低。当上限温度低于 1300℃ 时, 可选用 N 型或 K 型。当测温范围为 1000~1400℃ 时, 可选 S 或 R 型热电偶。当测温范围为 1400~1800℃ 时, 应选 B 型热电偶。当测温上限大于 1800℃ 时, 应考虑选用还属非国际标准的钨铼系列热电偶(其最高上限温度可达 2800℃, 但超过 2300℃ 则其准确度要下降; 要注意保护, 因为钨极易氧化, 必须用惰性或干燥氢气把热电偶与外界空气严格隔绝, 不能用于含碳气氛)或非金属耐高温热电偶。

在氧化气氛下, 当被测温度上限小于 1300℃ 时, 应优先选用抗氧化能力强的廉金属 N 型或 K 型。当测温上限高于 1300℃ 时, 应选 S、R 或 B 型贵金属热电偶。在真空或还原性气氛下, 当上限温度低于 950℃ 时, 应优先选用 J 型热电偶(不仅可在还原性气氛下工作, 也可在氧化气氛中使用)。高于此限, 选钨铼系列热电偶, 或非贵金属系列热电偶, 或采取特别的隔绝保护措施的其他标准热电偶。

对于非接触式测温仪表，在同一温度下，从仪表的灵敏度上讲，单色辐射高温计的灵敏度最高，比色温度计次之，全辐射高温计差一些。从测量误差上来讲，随着温度的升高，比色温度、亮度温度的相对误差也增大，而辐射温度的相对误差维持不变；对于发射率低的物体，其辐射温度与真实温度相差较大，而比色温度的差别最小，故比色温度计能在较恶劣的环境下使用。

3.6.3　感温元件的安装

关于感温元件的安装，在各生产厂家的产品说明书中均有介绍。在工业应用时会遇到各种各样非常复杂的情况，为避免产生较大的误差，在安装与使用时要采取各种措施来保证测温的准确性。

①正确选择测温点。选择安装地点时，要使测量点的温度具有代表性。例如，安装时热电偶应迎着被测介质的流向插入，使工作端处于流速最大的地方，即管道中心位置，而不应插在死角区；非接触式温度计应选择有利的瞄准部位，安装在不妨碍工作，烟雾、水气和粉尘少的地方。

②避免热辐射等引起的误差。在温度较高的场合，应尽量减小被测介质与设备内壁表面之间的温度差，为此，感温元件应插在保温层的设备和管道处；在有安装孔的地方应设法密封，避免被测介质逸出或冷空气吸入而引入误差。

③防止引入干扰信号。如在测量电炉温度时，要防止因炉温较高，炉体绝缘电阻急剧下降，对地干扰电压引入感温元件；避免雨水、灰尘等渗入造成漏电或接触不良等故障；保护非接触温度计的瞄测光路，免受污染。

④确保安全可靠。避免因机械损伤、化学腐蚀和高温导致的变形。凡安装承受较大压力的感温元件时，都必须保证密封。在振动强烈的环境中，感温元件必须有可靠的机械固定措施及必要的防振手段。

图 3-22 所示的是感温元件的几种不同的安装方案。管道中流过压力为 3 MPa、温度为 386℃ 的过热蒸汽，管道内径为 100 mm，流速为 30~35 m/s。图中，热电阻 1，安装在弯头处，插入深度够深，外露部分很短且有很厚的绝热层保温，测量结果 $t_1 \approx 386℃$，测量误差接近于零；热电阻 5，管道外无保温，热电阻外露部分长且也无保温，测量结果 $t_5 \approx 341℃$，误差达 -45℃；水银温度计 2，采用了薄壁套

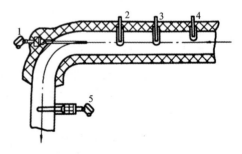

图 3-22　测不同温管装置方案的测量误差比较

管，测量端插到管道中心线处，测量结果 $t_2 \approx 385℃$，误差为 -1℃；水银温度计 3，情况与 2 类似，只是 3 用了厚壁管，结果 $t_3 \approx 384℃$，误差为 -2℃；水银温度计 4，采用了薄壁套管，但插入浅，没有插到管道中心，测量结果 $t_4 \approx 371℃$，误差为 -15℃。此例说明，感温元件安装不当带来的误差是很大的。

思考题与习题

1. 什么是温标？常用的温标有哪几种？

2. 接触式测温和非接触式测温各有何特点？常用的测温方法有哪些？

3. 常用的温度测量仪表共有几种？各适用于什么样的场合？

4. 膨胀式温度计有哪几种？有何优缺点？

5. 热电偶温度计的测温原理是什么？由哪几部分组成？各部分的作用是什么？

6. 为什么要对热电偶进行冷端补偿？常用的方法有哪些？各有什么特点？使用补偿导线时应注意什么问题？

7. 用 K 型热电偶在冷端温度为 25℃时，测得的热电势为 34.36 mV，试求热电偶热端的实际温度。

8. 常用热电阻有哪些？各有何特点？

9. 用单色辐射高温计测量某非绝对黑体对象的温度，仪表指示温度为 920℃，如果对象的单色辐射黑度 $\varepsilon_\lambda = 0.85 \pm 0.0425$，已知有效波长为 0.65 μm，则被测对象实际温度的相对误差是多少？

10. 非接触测温方法的理论基础是什么？辐射测温仪表主要有哪几种？

11. 试分析发射率对辐射温度、亮度温度和比色温度的影响。

12. 选择接触式测温仪表时，应考虑哪些问题？感温元件的安装应按照哪些要求进行？

13. 对管内流体进行温度测量时，测温套管的插入方向取顺流的还是逆流的？为什么？

第4章　湿度测量技术

在暖通空调工程中，湿度一般是指空气湿度，用以表征空气的干湿程度。空气湿度过高或过低会使人感到不适，或会影响产品生产的正常进行。为了满足生产和生活中的湿度要求，首先需要对湿度进行准确测量，然后才能通过空气调节装置进行有效控制。

4.1　湿度测量的基本概念

空气湿度是表示空气中水蒸气含量多少的尺度。对空气湿度的测量，就是对空气中水蒸气含量的测量。空气湿度常用相对湿度和露点温度来表示。相应地，湿度测量方法分为干湿球法、露点法和吸湿法三种。

（1）相对湿度

相对湿度是指空气中水蒸气的分压力与同温度下饱和水蒸气压力之百分比，用符号 φ 表示，即：

$$\varphi = \frac{p_n}{p_b} \times 100\% \tag{4-1}$$

式中：p_n 为空气中水蒸气分压力；p_b 为同温度下空气的饱和水蒸气压力。

相对湿度表征湿空气接近饱和的程度，φ 值小，说明湿空气的饱和程度小，吸收水蒸气的能力强；φ 值大，则说明湿空气的饱和程度大，吸收水蒸气的能力弱。

（2）露点温度

在一定温度下，空气中所能容纳的水蒸气含量是有限的，超过这个限度，多余的水蒸气就由气相变成液相，这就是结露，此时的水蒸气分压力称为此温度下的饱和水蒸气压力，与饱和水蒸气压力对应的温度，称为露点温度，即空气沿等含湿线冷却，最终达到饱和时所对应的温度。

空气的露点温度只与空气的含湿量有关，当含湿量不变时，露点温度亦为定值，也就是空气中水蒸气分压力高，则其结露所对应的温度就高，反之亦然。因此，露点温度可以作为空气中水蒸气含量的一个尺度来表示空气湿度。

4.2　干湿球湿度计

当大气压力和风速不变时，干湿球湿度计利用被测空气对应于湿球温度下饱和水蒸气压力和干球温度下水蒸气分压力之差，与干湿球温度之差之间存在的数量关系来确定空气湿度。

湿球温度下饱和水蒸气分压力和干球温度下水蒸气分压力之差与干湿球温度差之间的关系为：

$$p_b' - p_n = AB(t - t_s) \tag{4-2}$$

式中：p_b' 为湿球温度下饱和水蒸气压力；p_n 为干球温度下水蒸气分压力；t 为干球温度；t_s 为湿球温度；A 为与风速有关的系数；B 为大气压力。

将式(4-2)代入式(4-1)，可得相对湿度的计算公式为：

$$\varphi = \frac{1}{p_b} \left[p_b' - AB(t - t_s) \right] \times 100\% \tag{4-3}$$

可见，利用干湿球的温度差即可确定被测空气的相对湿度。干湿球温度差越大，则空气的相对湿度越小。根据以上原理可制成普通干湿球湿度计和自动干湿球湿度计。

4.2.1　普通干湿球湿度计

普通干湿球湿度计是由两支相同的液体膨胀式温度计组成的，如图4-1所示，其中一支温度计的温包外裹潮湿纱布，纱布的下端浸入盛有蒸馏水的容器中，在毛细作用下纱布保持湿润状态，此温度计称为湿球温度计，所测得的温度称为湿球温度；装在同一支架上的另一支未包纱布的温度计称为干球温度计，所测得的温度称为空气的干球温度。

包裹在湿球温度计温包外面的湿润纱布中的水分不断进行蒸发，水分蒸发的强度取决于周围空气的相对湿度、大气压力以及风速。如果大气压力和风速保持不变，则相对湿度越高，纱布表面的水分蒸发强度越小，湿球温度与干球温度之差越小；反之，相对湿

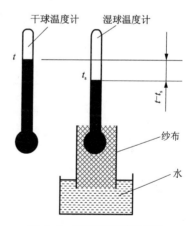

图 4-1　普通干湿球温度计

度越低，纱布表面的水分蒸发强度越大，干湿球温度之差越大。在一定的空气状态下，干湿球温度差反映了空气相对湿度的大小。只要测量出干湿球温度，利用式(4-3)即可计算出空气的相对湿度。

普通干湿球湿度计结构简单，应用广泛，对使用温度没有严格限制，适合在高温及恶劣环境中使用，测量准确度为 5%~7%。但普通干湿球湿度计也存在需要人工读数、人工加水及更换纱布等不足，从而限制了其在自动检测和控制场合中的应用。

4.2.2　自动干湿球湿度计

自动干湿球湿度计的测量原理和普通干湿球湿度计相同，两者的主要差别是，自动干湿球湿度计的干球温度计和湿球温度计都是采用微型套管式镍电阻(或其他电阻温度计)，同时增加一个微型轴流通风机，在镍电阻周围形成 2.5 m/s 以上的恒定气流，以减小空气流速对测量的影响。由于在镍电阻周围增加了气流速度，使得热湿交换速度增加，因而减小了测量的响应时间。

自动干湿球湿度计的测量电路如图 4-2 所示，它是由两个不平衡电桥相连而成的复合电桥。其中，左电桥为干球温度测量桥路，输出的不平衡电压是干球温度的函数，用电阻 R_w 表示干球电阻；右电桥为湿球温度测量桥路，输出的不平衡电压是湿球温度的函数，用电阻 R_s 表示湿球电阻。左、右电桥的输出信号通过可变电阻 R 连接，D 表示 R 的滑动点。

当右电桥的输出电压与左电桥的部分输出电压 U_{DE}(电阻 R_{DE} 上的电压)相平衡时，检流计中无电流，此时双电桥处于平衡状态，D 点的位置反映了左、右电桥的电压差，也间接反映了干湿球的温度差，故可根据可变电阻 R 上滑动点 D 的位置得到相对湿度值。

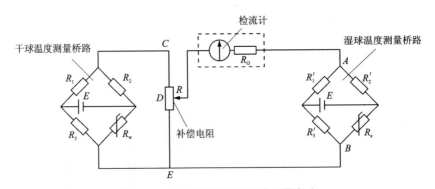

图 4-2　自动干湿球温度计的测量电路

4.3　露点湿度计

露点温度是指被测空气冷却到水蒸气达到饱和状态并开始凝结出水分时的对应温度。露点法测量相对湿度的基本原理是先测定露点温度 t_1，然后从水蒸气表查出露点温度下的饱和水蒸气压力 p_1，其值即为被测空气的水蒸气分压力 p_n，则空气的相对湿度 φ 可表示为：

$$\varphi = \frac{p_1}{p_b} \times 100\% \tag{4-4}$$

式中：p_b 为干球温度下空气的饱和水蒸气压力。

露点温度的测定方法是，先把一物体表面冷却，一直冷却到与该表面相邻近的空气层中的水蒸气开始在表面上凝集成水分为止，开始凝集水分的瞬间，其邻近空气层的温度，即为被测空气的露点温度。所以保证露点法测量准确度的关键，就是精确地测定水蒸气开始凝结的瞬间空气温度。用于直接测量露点的仪表有普通露点湿度计与光电式露点湿度计等。

4.3.1 普通露点湿度计

普通露点湿度计主要由一个镀镍的黄铜盒及盒中插着的一支温度计和一个鼓气橡皮球等组成，如图 4-3 所示。测量时在黄铜盒中注入乙醚，然后用橡皮球将空气鼓入黄铜盒中并由另一管口排出，乙醚快速蒸发，吸收自身热量使温度降低，当空气中的水蒸气开始在镀镍黄铜盒外表面凝结时，插入盒中的温度计读数即为空气的露点温度。测出露点温度以后，再从水蒸气表中查出露点温度的饱和水蒸气压力 p_1 和干球温度下水蒸气的压力 p_b，就能根据式（4-4）算出空气的相对湿度了。这种湿度计主要的缺点是，当冷却表面上出现露珠的瞬间，即需立即测定表面温度，因此一般不易测准，容易造成较大的测量误差。

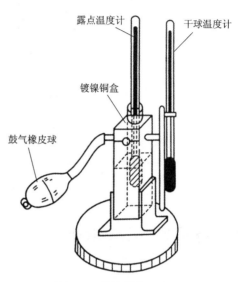

图 4-3 　普通露点湿度计

4.3.2 光电式露点湿度计

如图 4-4 所示，光电式露点湿度计的核心是一个可以自动调节温度、能反射光的金属露点镜及光学系统。当被测气体通过中间通道与露点镜相接触时，如果镜面温度高于气体的露点温度，且镜面的光反射性能好，则来自白炽灯光源的斜射光束经露点镜反射后，大部分会射向反射光敏电阻，只有很少部分为散射光敏电阻所接受，二者通过光电桥路进行对比，将其不平衡信号经平衡差动放大器放大后，自动调节输入半导体热电制冷器的直流电流值。半导体热电制冷器的冷端与露点镜相连，当输入制冷器的电流值变化时，其制冷量随之变化，电流愈大，制冷量愈大，露点镜的温度亦越低。当降至露点温度时，露点镜面开始结露，来自光源的光束射到凝露的镜面时，受凝露的散射作用使反射光束的强度减弱，而散射光的强度有所增加，经两组光敏电阻接受并通过光电桥路进行比较后，放大器与可调直流电源自动减小输入半导体热电制冷器的电流，以使露点镜的温度升高，当不结露时，又自动降低露点镜的温度。最后当露点镜的温度达到动态平衡时，即为被测气体的露点温度，通过安装在露点镜内的铂电阻及露点温度指示器即可直接显示被测的露点温度值。

光电式露点湿度计要有一个高度光洁的露点镜面以及高精度的光学与热电制冷调节系统，这样才可以保证露点镜面上的温度值在 ±0.05℃ 的误差范围内。光电式露点湿度计的露点镜面可以冷却至比环境温度低 50℃，露点测量范围为 $-40\sim100$℃，最低露点能测到 1% ～ 2% 的相对湿度。光电式露点湿度计测量准确度高，可测量高压、低温、低湿气体的相对湿度。但测量时需要注意的是，采样气体不得含有烟尘、油脂等污染物，否则会直接影响测量准确度。

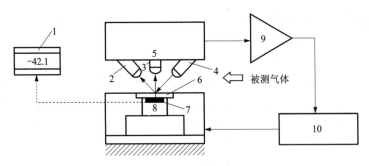

图 4-4　光电式露点湿度计

1—露点温度指示器；2—反射光敏电阻；3—散射光敏电阻；4—光源；5—光电桥路；
6—露点镜；7—铂电阻；8—半导体热电制冷器；9—放大器；10—可调直流电源

4.4　电子式湿度传感器

　　某些物质的物理性质随含湿量变化，而其含湿量又与所在空气的相对湿度有关，可将具有这些特性的物质或者元件制成传感器，从而将对空气相对湿度的测量转换为对传感器的电阻或者电容值的测量。常用的电子式湿度传感器主要有氯化锂电阻式湿度传感器、电容式湿度传感器、金属氧化物陶瓷湿度传感器和金属氧化物膜湿度传感器。

4.4.1　氯化锂电阻式湿度传感器

　　氯化锂是一种在大气中不分解、不挥发、不变质，具有稳定性的离子型无机盐类，其吸湿量与空气相对湿度成函数关系。随着空气相对湿度的增加，氯化锂的吸湿量随之增加，氯化锂中导电离子数也随之增加，从而导致电阻减小。当氯化锂的蒸汽压高于空气中的水蒸气分压力时，氯化锂放出水分，导致电阻增大。氯化锂电阻式湿度传感器就是根据这个原理制成的。

　　氯化锂电阻式湿度传感器分为梳状和柱状两种形式，前者是将梳状电极（金箔）镀在绝缘板上，如图4-5(a)所示；后者是用两根平行的铂丝电极绕制在绝缘柱上，如图4-5(b)所示。利用多孔塑料聚乙烯醇作为胶合剂，使氯化锂溶液均匀地附在绝缘板的表面，多孔塑料能保证水蒸气和氯化锂溶液之间有良好的接触。两根平行的铂丝本身并不接触，而依靠氯化锂盐溶液能使两电极间构成导电回路，两电极间电阻值的变化反映了空气相对湿度的变化。

　　氯化锂电阻式湿度传感器使用交流电桥测量其阻值，以避免直流电源使氯化锂溶液发生电解。测量时将传感器接入交流电桥，即可通过电桥将传感器电阻信号转换为交流电压信号。由于传感器的阻值受环境温度的影响，因此为了提高测量准确度，需要采取温度补偿措施。

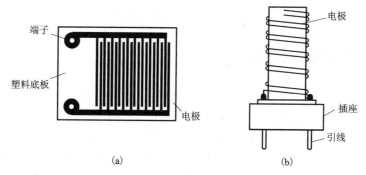

图 4-5 氯化锂电阻式湿度传感器

(a)梳状；(b)柱状

　　每一个氯化锂电阻式湿度传感器的测量范围都较窄，在测量中应按测量范围要求，选用相应的量程。为了扩大测量范围，通常制成包含多种不同氯化锂浓度涂层的系列测湿传感器。传感器的最高使用温度为55℃，当大于55℃时，氯化锂溶液将蒸发。使用环境应保持空气清洁，无粉尘、纤维等。

4.4.2　高分子电容式湿度传感器

　　高分子电容式湿度传感器的结构如图4-6所示。整个传感器基本上就是一个电容器，在高分子薄膜上的电极是很薄的金属微孔蒸发膜，水分子可通过两端的电极被高分子薄膜吸附或释放，引起高分子薄膜的介电常数变化，介电常数与空气相对湿度之间具有函数关系。因此，通过对传感器电容值的测定，可以得到空气的相对湿度。传感器电容值的计算式为：

$$C = \frac{\varepsilon S}{d} \tag{4-5}$$

式中：ε 为高分子薄膜的介电常数；S 为电极的面积；d 为高分子薄膜的厚度。

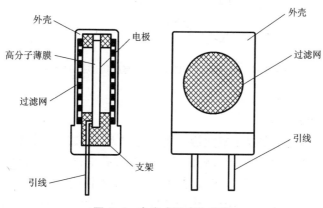

图 4-6　电容式湿度传感器

高分子薄膜材料大多采用醋酸丁酸纤维，这种材料制成的薄膜吸附水分子后，不会使水分子之间相互作用，尤其在采用多孔金电极时，可使传感器具备响应速度快、无湿滞等特点。

4.4.3　金属氧化物陶瓷湿度传感器

金属氧化物陶瓷湿度传感器是由金属氧化物多孔性陶瓷烧结而成的，烧结体上有微细孔，可使湿敏层吸附或释放水分子，造成电阻值的改变。金属氧化物陶瓷湿度传感器的电阻与湿度之间为非线性关系，但电阻的对数与湿度的关系为线性，因此在电路处理上应加入线性化处理单元。另外，由于这类传感器有一定的温度系数，在应用时需进行温度补偿。金属氧化物陶瓷湿度传感器具有工作范围宽、稳定性好、寿命长、耐环境能力强等特点，是当今湿度传感器的发展方向。

（1）$MgCr_2O_4$-TiO_2 陶瓷湿度传感器

$MgCr_2O_4$-TiO_2 陶瓷湿度传感器的结构如图 4-7 所示。在 $MgCr_2O_4$-TiO_2 陶瓷片的两面涂覆有多孔金电极，金电极与引线烧结在一起，引线一般采用铂铱合金。为了减少测量误差，须在陶瓷片的外围设置由镍铬丝制成的加热线圈，以便对器件加热清洗，排除恶劣气氛对器件的污染，整个器件都安装在陶瓷基片上。

生产 $MgCr_2O_4$-TiO_2 湿敏陶瓷片时，首先把天然的 $MgCr_2O_4$ 和 TiO_2 按适当的比例配料，放入球磨机中加水研磨，待其粒度符合要求后取出干燥，再经模压成型放入烧结炉中，在空气中用 1250~1300℃ 的高温烧结 2 h，最后将烧结好的陶瓷切割成 4 mm×5 mm×0.3 mm 薄片。陶瓷片的气孔率为 25%~30%，孔径小于 1 μm，和致密陶瓷相比，其表面积显著增大，具有良好的吸湿性。

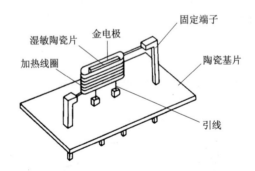

图 4-7　$MgCr_2O_4$-TiO_2 陶瓷湿度传感器的结构

（2）NiO 陶瓷湿度传感器

NiO 陶瓷湿度传感器主要是由氧化镍金属氧化物烧结而成的多孔状陶瓷体，它的结构及外形如图 4-8 所示。在 NiO 多孔状陶瓷体的两端有多孔电极，电极由引线引到传感器的外部。在电极的外部设置有过滤层，以防恶劣环境对传感器性能产生影响。整个器件封装在塑料外壳内。NiO 陶瓷湿度传感器具有工作稳定性好、寿命较长的特点，对丙酮、苯等蒸汽有抗污染能力。由于在结构上加了过滤层，所以这类传感器响应时间较长，适合在空调系统中使用。

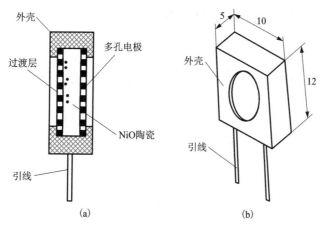

图 4-8　NiO 陶瓷湿度传感器的结构及外形

（a）结构；（b）外形

4.4.4　金属氧化物膜湿度传感器

Cr_2O_3、Fe_2O_3、Fe_3O_4、Al_2O_3、Mg_2O_3、ZnO 及 TiO_2 等金属氧化物的细粉在吸附水分后具有极快的速干特性，利用这种现象可制造出多种金属氧化物膜湿度传感器。金属氧化物膜湿度传感器的结构如图 4-9 所示，在陶瓷基片上先制作钯银梳状电极，然后采用丝网印制、涂布或喷射等工艺方法，将调制好的金属氧化物的糊状物加工在陶瓷基片及电极上，采用烧结或烘干方法使之固化成膜。这种膜可以吸附或释放水分子而改变其电阻值，测量电极间的电阻值即可检测相对湿度。金属氧化物膜湿度传感器电阻的对数值与湿度呈线性关系，具有测湿范围及工作温度范围宽等优点，测量准确度为 2%~4%，使用寿命在两年以上。

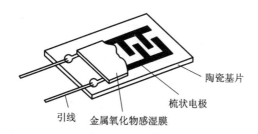

图 4-9　金属氧化膜湿度传感器的结构

1—陶瓷基片；2—梳状电极；3—金属氧化物感湿膜；4—引线

电子式湿度传感器适合在洁净及常温的场合使用。在实际使用中，由于尘土、油污及有害气体的影响，使用时间一长，会产生老化，导致准确度下降，湿度传感器年漂移量在 ±2% 左右，甚至更高。一般情况下，生产厂商会标明 1 次标定的有效使用时间为 1 年或 2 年，到期需重新校准。电子式湿度传感器的长期稳定性和使用寿命通常不如干湿球湿度计。

思考题与习题

1. 相对湿度的定义是什么？何谓露点温度？试说明相对湿度与露点温度之间的关系。
2. 干湿球湿度计和露点湿度计各有什么特点？试述它们的工作原理。
3. 普通干湿球湿度计与自动干湿球湿度计有何异同？
4. 氯化锂和金属陶瓷湿敏电阻各有什么特点？
5. 试述电容式湿度传感器的工作原理。

第 5 章　压力测量技术

在供热、通风与供燃气工程中，压力是反映工质状态的一个重要参数。准确测量和控制压力是保证建筑环境设备及系统安全，使其优质运行的基本条件。此外，生产过程中的一些其他参数(如物位、流量等)也可以通过对压力或差压的测量得到。

5.1　压力测量的基本概念

在测试技术领域，习惯将垂直作用在单位面积上的力称为压力，这一概念与物理学中压强的内涵相同，常用符号 p 表示。国际单位制中压力的基本单位是帕斯卡(简称帕，用符号 Pa 表示)，有时也采用 kPa 或 MPa 等单位。由于历史原因，其他一些非国际单位制的压力单位在生产和生活中也还常被使用，如毫米水柱(mmH_2O)、毫米汞柱(mmHg)、磅/英寸^2(psi)、标准大气压(atm)、工程大气压(kgf/cm^2)、巴(bar)等。表 4-1 给出了各种压力单位之间的换算关系。

表 4-1　常用压力单位换算表

单位	Pa	mmH_2O	mmHg	psi	atm	kgf/cm^2	bar
Pa	1	0.102	7.501×10^{-3}	1.450×10^{-4}	0.987×10^{-5}	1.020×10^{-5}	10^{-5}
mmH_2O	9.807	1	7.360×10^{-2}	1.422×10^{-3}	0.968×10^{-4}	10^{-4}	9.807×10^{-5}
mmHg	133.333	13.595	1	1.934×10^{-2}	1.316×10^{-3}	1.360×10^{-3}	1.333×10^{-3}
psi	6.895×10^2	703.072	51.715	1	6.805×10^{-2}	7.031×10^{-2}	6.895×10^{-2}
atm	1.013×10^5	1.033×10^4	760	14.696	1	1.033	1.013
kgf/cm^2	9.807×10^4	10^4	735.560	14.223	0.968	1	0.981
bar	10^5	1.020×10^4	750.062	14.504	0.987	1.020	1

压力有绝对压力、表压力和真空度三种表示方法。绝对压力以绝对零压为基准，而表压力、真空度均以当地大气压为基准。工程上所用的压力大多指表压力。表压为绝对压力与大

气压力之差，即：

$$p_{表压} = p_{绝对压力} - p_{大气压力}$$ (5-1)

当绝对压力低于大气压力时，则用真空度来表示，其值为大气压力与绝对压力之差，即：

$$p_{真空度} = p_{大气压力} - p_{绝对压力}$$ (5-2)

压力的测量通常由压力传感器来完成，从其工作原理及结构的角度可将压力传感器分为液柱式、机械式及电测式三大类。按转换原理的不同，压力测量仪表大致可分为下列四类。

①液柱式压力计。根据流体静力学原理，把被测压力转换成液柱高度的测量，如 U 形管压力计、单管压力计和斜管压力计等，一般用于静态压力测量。

②弹性式压力计。根据弹性元件受力变形的原理，将被测压力转换成位移的测量，如弹簧管压力计、膜片压力计和波纹管压力计等，一般用于静态压力测量。

③电气式压力计。将被测压力转换成各种电量（电阻、电容、电感、电势等），依据电量的大小实现压力的间接测量，如应变式、压电式、压阻式、电容式、电感式和霍尔式压力传感器等，可用于静态压力和动态压力测量。

④负荷式压力计。将被测压力转换成砝码的质量，如活塞式压力计和浮球式压力计等，普遍用作标准仪器对压力计进行校验。

5.2 液柱式压力计

液柱式压力计是利用液柱对液柱底面产生的静压力与被测压力相平衡的原理，通过液柱高度来反映被测压力大小的仪表。液柱式压力计一般由玻璃管构成，玻璃管内径为 8 ~ 10 mm，分为 U 形管、单管和斜管等形式，常用于测量低压、负压或压力差。液柱式压力计结构简单，使用方便，价格便宜，准确度高，但体积较大，玻璃管易损。

5.2.1 U 形管压力计

U 形管压力计是液柱式压力计中结构最简单的一种，由 U 形玻璃管、工作液及刻度尺组成，结构图如图 5-1 所示。U 形管压力计的两个管口分别接压力 p_1 和 p_2，当 p_1 和 p_2 相等时，两管内液体的高度相等；当 p_1 和 p_2 不相等时，两管内的液面会出现高度差。假设 $p_1 > p_2$，根据流体静力平衡原理，则有：

$$\Delta p = p_1 - p_2 = \rho g h$$ (5-3)

式中：ρ 为工作液的密度；g 为重力加速度；h 为两管内工作液液面的高度差。

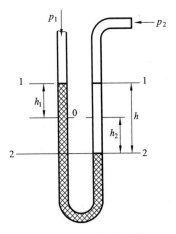

图 5-1 U 形管压力计

在式(5-3)中，若 p_2 为大气压，则 Δp 为被测压力 p_1 的表压力。当工作液密度一定时，被测压力与液柱高度成正比；改变工作液的密度，在相同压力的作用下，液柱高度会发生变化。U 形管压力计的测量范围为 0 ~ 8000 Pa，测量准确度为 0.5 ~ 1 级。

5.2.2　单管压力计

单管压力计由一杯形容器与一玻璃管组成，如图 5-2 所示，杯形容器与被测压力相通，玻璃管开口与大气相通，在玻璃管一侧可读取液柱高度差。在压力作用下，玻璃内工作液高度发生变化，被测压力 p_2 与玻璃上升液面 h 之间有以下关系：

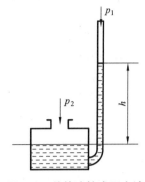

$$\Delta p = p_2 - p_1 = g(\rho_0 - \rho)\left(1 + \frac{d^2}{D^2}\right)h \qquad (5\text{-}4)$$

式中：d 为玻璃管的内直径；D 为杯形容器的内直径。

如果杯形容器面积很大，则 $d^2 \ll D^2$，且 $\rho \ll \rho_0$，式（5-4）可简化为：

图 5-2　单管液柱式压力计

$$p = \rho_0 g h \qquad (5\text{-}5)$$

测量时只要读取 h 的数值，就可以求得被测压力，因此仅会产生一次读数误差，提高了测量准确度。单管式液体压力计的测量范围为 0～8000 Pa，测量准确度为 0.5～1 级。

5.2.3　斜管压力计

斜管压力计是一种变形单管压力计，主要用于测量微小压力、负压和压差。如果被测压力很小，则用单管压力计测量时液柱高度变化也很小。为了减小读数误差，可把玻璃管斜放一个角度以拉长液柱，构成斜管压力计，如图 5-3 所示。

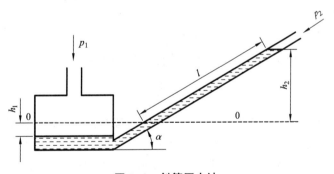

图 5-3　斜管压力计

被测压力 p_1 的表压力计算式为：

$$p = \rho g l \left(\sin\alpha + \frac{d^2}{D^2}\right) \qquad (5\text{-}6)$$

式中：l 为倾斜管中液柱的长度；α 为倾斜管的倾角；d 为倾斜管的内直径；D 为杯形容器的内直径。

在测量负压时，将杯形容器开口与大气相通，将被测负压与倾斜管开口相连。倾斜管的倾角一般不低于 15°，否则读数困难，反而会造成读数误差。斜管压力计的测量范围为

0~2000 Pa, 测量准确度为 0.5~1 级。

5.2.4　液柱式压力计的测量误差及修正

在实际使用过程中，很多因素都会影响液柱式压力计的测量准确度，对于某一具体测量问题，有些因素的影响可以忽略，有些却必须加以修正。

(1) 环境温度

当环境温度偏离规定温度时，工作液密度和刻度尺长度都会发生变化。工作液的体膨胀系数比刻度尺的线膨胀系数大 1~2 个数量级，对于一般的工业测量，主要考虑温度变化引起的工作液密度变化对压力测量的影响，对于精密测量，则还需要考虑刻度尺长度变化的影响。

环境温度偏离规定温度(一般取 20℃)后，工作液密度改变对压力计读数影响的修正公式为：

$$h_{20} = h[1-\beta(t-20)] \tag{5-7}$$

式中：h_{20} 为 20℃ 时工作液液柱的高度；h 为 t℃ 时工作液液柱的高度；β 为工作液在 20~t℃ 之间的平均体膨胀系数；t 为测量时的实际温度。

(2) 重力加速

压力计使用地点的重力加速度 g_φ 的计算式为：

$$g_\varphi = \frac{g_n[1-0.00265\cos(2\varphi)]}{1+2H/R} \tag{5-8}$$

式中：g_n 为标准重力加速度，其值为 9.80665 m/s²；H、φ 为使用地点的海拔高度和纬度；R 为地球的公称半径，其值为 6356766 m。

压力读数的修正公式为：

$$h_N = h_\varphi g_\varphi/g_N \tag{5-9}$$

式中：h_n 为标准重力加速度下的工作液液柱高度；h_φ 为使用地点重力加速度下的工作液液柱高度。

(3) 毛细现象

毛细现象使工作液表面形成弯月面，不仅会引起读数误差，而且会引起液柱的升高或降低。这类误差与工作液的表面张力、管径、管内壁的洁净度等诸多因素有关，难以精确修正。实际应用中常通过加大管径来减少毛细现象的影响。当以酒精作为工作液时，要求管内径不小于 3 mm；当以水或水银作为工作液时，要求管内径不小于 8 mm。

此外，液柱式压力计还存在刻度、读数、安装等方面的误差。读数时眼睛应与工作液弯月面的最高点或最低点持平，并沿切线方向读数。U 形管压力计和单管压力计都要求垂直安装，否则会带来较大误差。

5.3　弹性式压力计

根据虎克定律，在弹性限度范围内，弹性元件受外力作用会发生弹性变形，并产生反抗外力的弹性力,当弹性力与外力相平衡时,变形停止,弹性变形与作用力之间存在确定的函数关系。弹性式压力计是利用弹性元件弹性变形产生的弹性力与被测压力产生的力相平衡,通过测量弹性变形量来测量压力的仪表。在弹性式压力计中,弹性元件是感测压力的基本元件,将压力信号转换成其自由端的位移信号。进一步地,通过与各种转换元件或位移变送器相配合,可形成具有电远传功能的弹性式压力计。弹性式压力计结构简单,价格便宜,使用和维修方便,测压范围较宽,因此在工业生产中应用广泛。

5.3.1　弹簧管压力计

弹簧管是一根中空的横截面呈椭圆形或扁圆形的金属管,其一端封闭为自由端,另一端固定在仪表的外壳上,并与被测介质相通的管接头连接,如图 5-4 所示。当具有一定压力的被测介质进入弹簧管内腔后,由于其椭圆形或扁圆形的横截面形状,导致短轴方向的内表面积比长轴方向的大,因此在压力的作用下短轴变长,长轴变短,管截面趋于更圆,产生弹性变形,使弯成圆弧状的弹簧管向外伸张,在自由端产生位移,位移经杆系和齿轮机构会带动指针,指示相应的压力值。

单圈弹簧管压力计自由端的位移量不能太大,一般为 2 ~ 5 mm,测量范围为 0.03 ~ 1000 MPa。为了提高灵敏度,增加自由端的位移量,可采用盘旋弹簧管或螺旋形弹簧管。

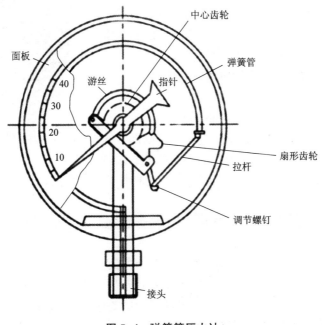

图 5-4　弹簧管压力计

为了保证弹簧管压力计指示正确并能长期使用,应使仪表在正常允许的压力范围内工作。对于波动较大的压力,仪表的示值应经常处于量程的 1/2 左右,若被测压力波动较小,仪表示值可在量程的 2/3 左右。被测压力一般不应低于压力计量程的 1/3。

5.3.2 膜片压力计

膜片是一种沿外缘固定的片状测压弹性元件，按剖面形状分为平膜片和波纹膜片。膜片的特性一般用中心的位移和被测压力的关系来表征，当膜片的位移很小时，它们之间具有良好的线性关系。

波纹膜片是一种压有环状同心波纹的圆形薄膜，其波纹的数目、形状、尺寸及分布情况与压力测量范围有关，也与线性应变有关。有时也将两块膜片沿周边对焊起来制成膜盒，若将膜盒内部抽成真空，则当膜盒外压力变化时，膜盒中心将产生位移。这种真空膜盒常用来测量大气的绝对压力。

常用的膜片材料有铍青铜、高弹性合金、恒弹性合金、不锈钢等。膜片厚度一般为 0.05~0.3 mm。膜片受压力作用产生位移，可直接带动传动机构指示，但由于膜片的位移较小，灵敏度低，指示精度也不高，一般为 2.5 级。

5.3.3 波纹管压力计

波纹管是外周沿轴向有等间距深槽形波纹状褶皱的弹性元件，其外形如图 5-5 所示。如果将金属波纹管一端封闭，另一端接入被测压力，则封闭端将沿轴向伸缩。波纹管灵敏度较高，测压范围为 0~400 kPa。但波纹管迟滞误差较大，准确度最高仅为 1.5 级。

波纹管在轴向力 F 作用下产生的位移量为：

图 5-5 波纹管

$$x = F \frac{1-\mu^2}{Eh_0} \cdot \frac{n}{A_0 - \alpha A_1 + \alpha^2 A_2 + B_0 h_0^2 / R_B^2} \quad (5-10)$$

式中：μ 为泊松系数；E 为弹性模数；h_0 为非波纹部分的壁厚；n 为完全工作的波纹数；α 为波纹平面部分的倾斜角；R_B 为波纹管的内径；A_0、A_1、A_2 和 B_0 均为与材料有关的系数。

5.3.4 弹性式压力计的测量误差及改善途径

弹性式压力计的测量误差主要来源于以下几个方面：

①迟滞误差。相同压力下，同一弹性元件正反行程的变形量不一样，会产生迟滞误差。

②后效误差。弹性元件的变形落后于被测压力的变化，会引起弹性后效误差。

③间隙误差。仪表的各种活动部件之间有间隙，弹性元件的变形不可能完全对应，会引起间隙误差。

④摩擦误差。仪表的活动部件运动时，相互间存在摩擦力，会产生摩擦误差。

⑤温度误差。环境温度的变化会引起金属材料弹性模量的变化，造成温度误差。

提高弹性式压力计测量准确度的主要途径有：用无迟滞误差或迟滞误差极小的全弹性材料和温度误差很小的恒弹性材料来制造弹性元件；采用新的转换技术，减少或取消中间传动机构，以减少间隙误差和摩擦误差；限制弹性元件的位移量，采用无干摩擦的弹性支承或磁悬浮支承等；采用合适的制造工艺，使材料的优良性能得到充分发挥。

5.4 电气式压力计

电气式压力计将压力的变化转换为电阻、电容、电感或电势等的变化，由于输出的是电量，便于信号远传，尤其是便于与计算机连接组成自动检测和控制系统，所以在现代工业生产中得到了广泛的应用。

电气式压力计的种类很多，分类方式也不尽相同。从压力转换成电量的途径来分，可分为电阻式、电容式和电感式等；从压力对电量的控制方式来分，可分为主动式和被动式两大类，主动式是压力直接通过各种物理效应转化为电量的输出，被动式则必须从外界输入电能，而这个电能又被所测压力以某种方式控制。

5.4.1 应变式压力传感器

应变式压力传感器是基于材料的应变效应而制成的压力传感器。应变效应是指导体或半导体材料在压力或拉力等外力作用下产生缩短或伸长等形变，其电阻值也随之发生变化的现象。发生应变效应的材料称为电阻应变片。通常，电阻应变片被粘贴在弹性元件上，弹性元件在外力作用下产生形变，应变片因而感受到与弹性元件同样的形变，并转换成相应的电阻变化。

若电阻丝的长度为 l，截面积为 A，电阻率为 ρ，则其电阻 R 为

$$R = \rho \frac{l}{A} \tag{5-11}$$

设在外力作用下，电阻丝各参数的变化相应为 dl、dA、$d\rho$ 和 dR，把式（5-11）两边取微分并除以 R，可得：

$$\frac{dR}{R} = \frac{d\rho}{\rho} + \frac{dl}{l} - \frac{dA}{A} \tag{5-12}$$

其中，$dl/l = \varepsilon$ 称为轴向应变（简称应变），dA/A 称为横向应变，两者的关系为：

$$\frac{dA}{A} = -2\mu\varepsilon \tag{5-13}$$

式中：μ 为电阻丝的泊松系数。

式（5-12）可改写为：

$$\frac{dR}{R} = \left[(1+2\mu) + \frac{d\rho/\rho}{\varepsilon} \right] \varepsilon = K\varepsilon \tag{5-14}$$

式中：K 为电阻丝的灵敏度系数。

灵敏度系数是单位应变所引起的电阻的相对变化，需通过实验获得。在弹性极限以内，大多数金属的灵敏度系数是常数。当金属丝制造成电阻应变片后，电阻应变片的灵敏度系数将不同于单根金属丝的灵敏度系数，需要通过实验重新测定。应变片电阻的相对变化与应变

的关系在很大范围内仍然是线性的，只要电阻应变片的灵敏度系数是常数，则通过测量应变片电阻的相对变化，即可得到其应变量，进而根据弹性元件作用力和应变之间的比例关系求得被测压力。

电阻应变片的结构如图 5-6 所示，直径为 0.015~0.05 mm 的金属丝被绕制成长度为 0.2~200 mm 的电阻栅，用黏结剂固定在绝缘基片和覆盖层之间，通过引出线测量电阻的变化。绝缘基片的作用是保证将被测对象上的应变准确地传递到电阻栅上，因此做得很薄，厚度一般为 0.02~0.04 mm，并具有良好的抗潮和耐热性能，按照材质可分为纸基、纸浸胶基和胶基等类型。覆盖层

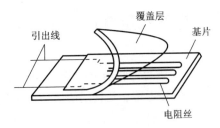

图 5-6　电阻应变片

的作用是避免电阻栅受到外界的损坏，其材质与绝缘基片基本相同。引出线从电阻栅的两端引出，用以和外接电路相接，常采用直径为 0.1~0.15 mm 的镀锡铜线，或扁带形其他金属材料制成。

5.4.2　压电式压力传感器

压电式压力传感器是利用压电材料的压电效应将被测压力转化为电信号进行测量的。某些材料在沿一定方向受到压力或拉力作用时，不仅几何尺寸会发生变化而导致形变，而且材料内部电荷分布也会发生变化，从而使得在其一定的两个相对表面上产生符号相反、数值相等的电荷，当外力去掉后，它们又恢复到不带电状态，这种现象称为正压电效应。所受的作用力越大，则形变越大，产生的电荷越多。

压电效应是可逆的，即在特定的面上施加电场后，会在相应的面上产生形变和应力；去掉电场后，形变和应力消失，这种现象称为逆压电效应。习惯上把正压电效应称为压电效应，把具有这种效应的材料称为压电材料。最常用的压电材料有单晶体的石英晶体和多晶体的压电陶瓷。

压电材料的压电特性用压电系数表示，压电系数存在方向上的差异。以压电陶瓷为例，当受到沿 z 轴方向的作用力 F_z 时，压电陶瓷将在垂直于 z 轴的平面上产生电荷 Q_z，即：

$$Q_z = d_{33} F_z \tag{5-15}$$

式中：d_{33} 是压电陶瓷的压电系数。

压电材料受力后产生的电荷与所受的力成正比，而与压电材料的几何尺寸无关。当压电系数已知，只要测得压电材料的电荷或者电压，就可以得到外作用力的大小。

压电式压力传感器的结构如图 5-7 所示。压电元件夹在两个弹性膜片之间，压力作用于膜片，使压电元件受力而产生电荷。压电元件的一个侧面与膜片接触并接地，另一侧面通过金属箔和引线将电量引出。电荷经电

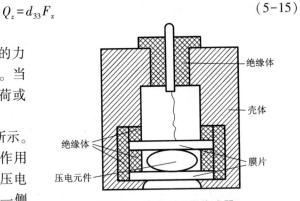

图 5-7　压电式压力传感器

荷放大器转换为电压或电流，输出的大小与输入压力成正比例关系，按压力指示。压电式压力传感器可以通过更换压电元件来改变压力的测量范围，还可以使用多个压电元件叠加的方式来提高仪表的灵敏度。

压电式压力传感器结构简单紧凑，小巧轻便，工作可靠，具有线性度好、频率响应高、量程范围大等优点。但是，压电元件上产生的电荷量一般都很小，需要高阻抗的直流放大器，并且要保证压电元件与壳体具有良好的绝缘。

5.4.3　压阻式压力传感器

压阻式压力传感器是基于材料的压阻效应制造而成的压力传感器。压阻效应是指当某些材料受到外力作用时，其电阻值由于电阻率的变化而改变的现象。压阻材料包括半导体、铂、锰、康铜和钨。压阻元件常采用在半导体材料的基片上用集成电路工艺制成的扩散电阻，扩散电阻正常工作需要依附于单晶硅膜片等弹性元件。

压阻式压力传感器的结构如图 5-8 所示，其核心部件是一块圆形的单晶硅平膜片，膜片上布置有 4 个扩散电阻，组成了一个全桥测量电路。膜片用一个圆形硅杯固定，将两个气腔隔开，一端接被测压力，另一端接参考压力。当存在压力差时，扩散电阻的电阻率改变，导致两对电阻的电阻值发生变化，电桥失去平衡，其输出电压与膜片承受的压力差成比例。

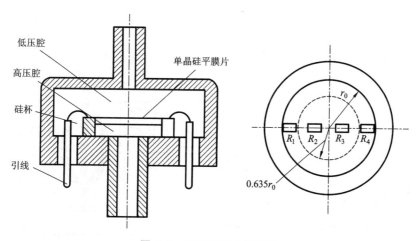

图 5-8　压阻式压力传感器

压阻式压力传感器体积小，结构简单，动态响应好，可测量高达数千赫兹乃至更高的脉动压力。扩散电阻灵敏系数是金属应变片灵敏系数的 50~100 倍，能直接反映出微小的压力变化，甚至能测出十几帕斯卡的微压。但压阻式压力传感器的敏感元件易受温度影响，因此，在制造硅片时利用集成电路的制造工艺，将温度补偿电路、放大电路甚至将电源变换电路集成在同块单晶硅膜片上，并将信号转换成 4~20 mA 的标准信号传输，可提高传感器的静态特性和稳定性。

5.4.4　电容式压力传感器

电容式压力传感器以各种结构的电容器作为压力感受元件，当被测压力发生变化时，电容随之发生变化，通过测量电容的变化值可得到被测压力。以平行板电容器为例，假设极板间电介质的介电常数为 ε，极板有效面积为 S，极板间距为 δ，则电容器的电容量 C 为：

$$C = \frac{\varepsilon S}{\delta} \tag{5-16}$$

通常将电容器的一个极板固定不动（称为固定极板），另一个极板感受压力并随压力的变化而改变极板间的相对位置（称为可动极板）。若在一定压力作用下可动极板的位移为 $\Delta\delta$，则电容的变化量 ΔC 为：

$$\Delta C = \frac{\varepsilon S}{\delta - \Delta\delta} - \frac{\varepsilon S}{\delta} = C\frac{\dfrac{\Delta\delta}{\delta}}{1 - \dfrac{\Delta\delta}{\delta}} \tag{5-17}$$

当 ε 和 S 确定后，通过测量电容量的变化可以得到可动极板的位移量，进而求得被测压力的变化。式（5-17）还表明，输出电容的变化与输入位移间的关系是非线性的，只有在 $\Delta\delta/\delta \ll 1$ 的条件下，才有近似的线性关系，即：

$$\Delta C = C\frac{\Delta\delta}{\delta} \tag{5-18}$$

因此，为了保证电容式压力传感器近似线性的工作特性，测量时必须限制可动极板的位移量。

为了提高传感器的灵敏度，改善其输出的非线性，实际应用的电容式压力传感器常采用如图 5-9 所示的差动形式，即可动极板位于两个固定极板之间，构成两个电容器，当压力改变时，一个电容器的电容增加，另一个的电容减少。采用这种结构的电容式压力传感器，灵敏度可提高一倍，且非线性也大为改善。

电容式压力传感器结构简单，灵敏度高，动态响度好，抗过载能力强，能在恶劣环境下工作。但是，输出特性的非线性、线路寄生电容的干扰及测量电路的复杂性等问题都限制了它的广泛应用。

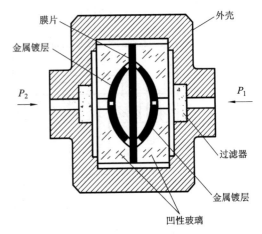

图 5-9　差动电容式压力传感器

5.4.5　电感式压力传感器

电感式压力传感器以电磁感应原理为基础，利用磁性材料和空气的磁导率的不同，把弹性元件的位移量转换为电路中电感量的变化或互感量的变化，再通过测量线路转变为相应的电流或电压信号。

电感式压力传感器的结构如图 5-10 所示，线圈由恒定的交流电源供电后产生磁场，衔铁、铁芯和气隙构成闭合磁路，由于气隙的磁阻比铁芯和衔铁的磁阻大得多，线圈的电感量 L 为：

$$L = \frac{W^2 \mu_0 S}{2\delta} \qquad (5-19)$$

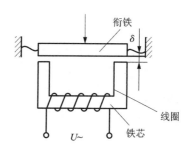

图 5-10　电感式压力传感器原理示意图

式中：W 为线圈的匝数；μ_0 为空气的磁导率；S 为气隙的截面积；δ 为气隙的宽度。

弹性元件与衔铁相连，弹性元件感受压力产生位移，使气隙宽度发生变化，从而使电感量发生变化。在实际应用中，W、μ_0 和 S 均为常数，L 只与 δ 有关。但由于 L 与 δ 成反比关系，为了得到较好的线性特性，必须对衔铁的工作位移加以限制，通常规定衔铁的工作位移 $\Delta\delta = (0.1 \sim 0.2)\delta_0$，其中 δ_0 为初始气隙宽度。

电感式压力传感器的特点是灵敏度高，输出功率大，结构简单，工作可靠，但不适用于测量高频脉动压力，且比较笨重，准确度一般为 0.5~1 级。电感式压力传感器的测量误差主要来源于外界工作条件的变化和内部结构特性的影响，包括环境温度的变化、电源电压和频率的波动、线圈的电气参数和几何参数不对称，以及导磁材料的不对称和不均质等。

5.4.6　霍尔式压力传感器

霍尔式压力传感器是利用霍尔效应，把压力作用所产生的弹性元件的位移转变成电势信号，从而实现对被测压力的测量的。如图 5-11 所示，对于某一半导体片，在 z 轴方向外加磁场 B，当有电流 I 沿 y 轴方向流过时，运动电子受洛伦兹力的作用而向 x 轴方向上的一侧偏转，使该侧形成了电子的积累，它对立的侧面由于电子浓度下降，出现正电荷。这样，在两侧面间就形成了一个电场，产生的电场力将阻碍电子的继续偏移。运动电子在受洛伦兹力的同时，又受电磁力的作用，最后当这两种力作用相等时，电子的积累达到动态平衡，这时两侧之间建立的电场，称为霍尔电场，相应的电压称为霍尔电势，该半导体称为霍尔片，上述现象称为霍尔效应。霍尔电势 U_H 可表示为：

$$U_H = R_H I B \qquad (5-20)$$

式中：R_H 为霍尔常数。当霍尔片材料和结构确定时，R_H 为常数。

霍尔式压力传感器的结构如图 5-12 所示，由压力-位移转换部分、位移-电势转换部分和直流稳压电源等三部分组成。压力-位移转换部分包括霍尔片和弹簧管。霍尔片被置于弹簧管的自由端，被测压力由弹簧管固定端引入，这样被测压力变化引起弹簧管自由端变化，带动霍尔片位移，将压力的变化转换为霍尔片的位移。位移-电势转换部分则包括霍尔片、磁钢及引线等。在霍尔片的上下方垂直安装磁钢的两对磁极，构成差动磁场。处于线性不均匀磁场之中的霍尔片将弹簧管自由端位移转换为线性变化的磁场强度。霍尔片的 4 个端面引出 4 根导线，其中与磁钢相平行的两根接直流稳压电源，提供恒定的工作电流，另外两根则用来输出霍尔电势。

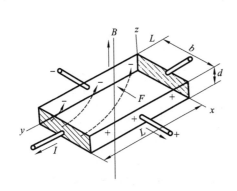

图5-11   霍尔效应原理

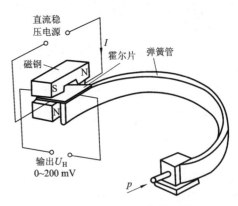

图5-12   霍尔式压力传感器

当被测压力为零时，霍尔片居于磁极极靴的中央平衡位置，穿过霍尔片两侧的磁通大小相等方向相反且对称，使得单侧的正负电荷数达到平衡，引出的霍尔电势为零。当引入被测压力后，弹簧管自由端的位移带动霍尔片偏离平衡位置，单侧霍尔片上产生的正负电荷数不再相等，这两个极性相反的电势的代数和不再为零，从而引出与位移相关的电势信号。

霍尔压力传感器实质上是一个位移-电势的变换元件，其输出信号为0~20 mV DC，且输出电势与被测压力呈线性关系。由于半导体的霍尔常数对温度比较敏感，所以在实际使用时需采取温度补偿措施。

5.5   压力测量仪表的选择与使用

为了使供热、通风、空调及燃气工程中的压力测量和控制经济合理并有效，正确选用、安装及校验压力表是非常重要的。

5.5.1   压力计的选择

压力计如果选择不当，不仅不能正确、及时地反映被测对象压力的变化，还可能引起事故。应根据被测压力的种类(压力、负压或压差)，被测介质的物理、化学性质和用途(标准、指示、记录和远传等)以及生产过程所提的技术要求，现场使用的环境等条件，本着既满足准确度又经济的原则，合理地选择压力计的型号、量程和精度。

(1)量程的选择

为了保证压力仪表在安全的范围内可靠地工作，并考虑到被测对象可能发生异象超压的情况，对仪表的量程选择必须留有足够的余地，仪表的量程由生产过程中所需测量的最大压力决定。在被测压力较稳定的情况下，最大工作压力不应超过仪表满量程的3/4；在被测压力波动较大或测量脉动压力时，最大工作压力不应超过仪表满量程的2/3。为了保证测量准确度，最小工作压力不应低于满量程的1/3。当被测压力变化范围大，最大和最小工作压力不能同时满足上述要求时，选择仪表量程应首先满足最大工作压力条件。目前我国出厂的压力测量仪表有统一的量程系列,它们分别是 1 kPa、1.6 kPa、2.5 kPa、4.0 kPa、6.0 kPa 以及它们的 10^n 倍数(n 为整数)。

(2)准确度的选择

压力计准确度的选择以实用、经济为原则,在满足生产工艺准确度要求的前提下,根据生产过程对压力测量所能允许的最大误差来确定。

(3)类型的选择

①被测介质压力。如测量微压及几百至几千帕(几十个毫米水柱或汞柱)的压力,宜采用液柱式压力表或膜盒式压力表;对于被测介质压力不大,在 15 kPa 以下,不要求迅速读数的,可选用 U 形压力计或单管压力计;要求迅速读数的,可选用膜盒式压力表;压力在 50 kPa 以上的,一般选用弹簧管式压力表。

②被测介质性质。对腐蚀性较强的介质应使用像不锈钢之类的弹性元件或敏感元件;对氧气、乙炔等介质应选用专用的压力仪表。

③输出信号要求。对于只需要观察压力变化的情况,应选用如液柱式、弹簧管式压力表,以及其他可以直接指示型的仪表;如需将压力信号远传到控制室或传送给其他电动仪表,则可选用具有电信号输出的各种压力测量仪表,如霍尔压力传感器等;如果要检测快速变化的压力信号,则可选用电气式压力测量仪表,或者选择一体化压力变送器。

④仪表使用环境。对爆炸性较强的环境,在使用电气式压力仪表时,应选择防爆型压力仪表;对于温度特别高或特别低的环境,应选择温度系数小的敏感元件以及带有温度补偿的测量仪表。

5.5.2　压力计的安装

压力表安装正确与否,对测量的准确性和压力表的使用寿命以及维护工作都有很大影响。

(1)取压口的选择

取压口的选择应能代表被测压力的真实情况。在管道或烟道上取压时,取压点要选择被测介质流动的直管道,不要选在管道的拐弯、分叉、死角及流束形成涡流的区域。当管路中有突出物体(如测温元件)时,取压口应取其前面。当必须在控制阀门附近取压时,若取压口在其前,则与阀门之间的距离应不小于 2 倍管径;若取压口在其后,则与阀门之间的距离应不小于 3 倍管径。测量流动介质的压力时,取压管与流动方向应该垂直,避免动压头的影响,同时要清除钻孔毛刺。在测量液体介质的管道上取压时,宜在水平及其以下 45°间取压,使导压管内不积存气体。在测量气体介质的管道上取压时,宜在水平及其以上 45°间取压,可使导压管内不积存液体。

(2)导压管的铺设

导压管的长度一般为 3~50 m,内径为 6~8 mm,连接导管的水平段应保持(1∶10)~(1∶20)的坡度,以利于排除冷凝液体或气体,测液体介质时下坡,测气体介质上坡。当被测介质为易冷暖或冻结时,应加伴热管进行保温。在取压口与测压仪表之间,应靠近取压口装切断阀。对液体测压管道,应在靠近压力表处装排污装置。

（3）压力计的安装

压力仪表应垂直于水平面安装，且仪表应安装在取压口同一水平位置，否则需要考虑附加高度误差的修正，如图5-13（a）所示。仪表安装处与测定点之间的距离应尽量短，以免指示迟缓。必须保证密封性，不应有泄漏现象出现，尤其是易燃易爆气体介质和有毒有害介质。当测量蒸汽压力时，应加装冷凝管，以避高温蒸汽与测温元件接触，如图5-13（b）所示。对于有腐蚀性或黏度较大、有结晶和沉淀等的介质，可安装适当的隔离罐，罐中充以中性的隔离液，以防腐蚀或堵塞导压管和压力表，如图5-13（c）所示。为了保证仪表不受被测介质的急剧变化或脉动压力的影响，应加装缓冲器、减振装置及固定装置。

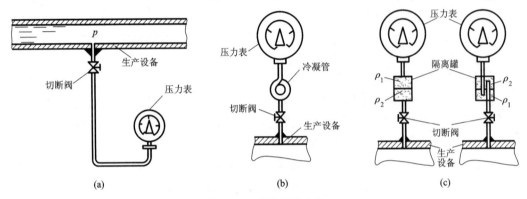

图5-13 压力计的安装

（a）压力表位于生产设备之下；（b）测量蒸汽；（c）测量腐蚀介质

5.5.3 压力计的校验

压力计在使用之前和长期使用后，必须进行校验。校验就是将被校压力表和标准压力表通以相同压力，比较两者的指示值，若被校表相对于标准表的读数误差不大于被校表规定的最大允许误差，则认为被校表合格。常用的压力校验仪器是活塞式压力计，它的准确度等级有0.02级、0.05级和0.2级，可用来校验0.2级的精密压力计，也可用于各种工业用压力计的校验。

活塞式压力计是根据静力学平衡原理，利用压力作用在活塞上的力与砝码的重力相平衡设计而成的。其结构如图5-14所示，主要由压力发生部分和测量部分组成。

压力发生部分主要指手摇泵，通过加压手轮旋转丝杆，推动手摇泵活塞挤压工作液，将待测压力经工作液传递给测量活塞。工作液一般采用洁净的变压器油或蓖麻油等。在测量部分，测量活塞上端的托盘上放有荷重砝码，活塞插入活塞柱内，下端承受手摇泵挤压工作液所产的压力。当作用在活塞下端的油压与活塞、托盘及砝码的质量所产生的压力相平衡时，活塞就被托起并稳定在一定位置上，此时压力的大小为：

$$p = \frac{(m_1 + m_2 + m_3)g}{A} \tag{5-21}$$

式中：p 为待测压力；m_1、m_2 和 m_3 分别为活塞、托盘和砝码的质量；g 为重力加速度；A 为活

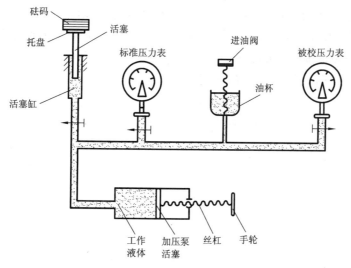

图 5-14　活塞式压力计

塞承受压力的有效面积。

　　由于活塞的有效面积与活塞、托盘的质量是固定不变的，因此砝码的质量与被测压力之间呈现一一对应关系。活塞式压力计在出厂前一般已将砝码校正好并标以相应的压力值。这样在校验压力表时，只要静压达到平衡，读取砝码上的数值即可知道油压系统内的压力值。如果将被校压力表的指示值与这个标准压力值进行比较，便可知道被校压力表的误差，进而判断它是否合格。此外，也可在一个支路上连接标准压力表，仍由手摇泵改变工作液压力，通过直接比较被校表和标准表的指示值来完成校验。

　　活塞式压力计校验压力表的具体步骤为：①在测量范围内均匀选取 3~4 个校验点，一般应选带有刻度数字的大刻度点。②均匀增压至刻度上限，保持上限压力 3 min，然后均匀降至零压，主要观察指示有无跳动、停止、卡塞等现象。③单方向增压至校验点后读数，轻敲表壳再读数。用同样的方法增压至每一校验点进行校验，然后再单方向缓慢降压至每一校验点进行校验。计算出被校表的基本误差、回差、零位和轻敲位移等。

　　活塞式压力计也可以用于校验真空计，但操作方法和步骤与校验压力表时略有不同。

思考题与习题

　　1. 试述绝对压力、表压力和真空度之间的区别与联系。

　　2. 按照转换原理，压力测量仪表分为哪几类？各自的测量原理是什么？

　　3. 试述液柱式压力计的主要测量误差来源及其修正方法。

　　4. 某台空压机的缓冲器的工作压力范围为 1.1~1.6 MPa，工艺要求就地测量，测量误差不大于工作压力的±5%，试选择一款合适的压力计。

　　5. 何谓压电效应？压电式压力传感器的特点是什么？

　　6. 应变片式和压阻式压力传感器的工作原理是什么？两者有何异同？

7. 试述霍尔式压力传感器的测量原理。

8. 某反应器最大压力为 0.8 MPa，允许最大误差为 0.01 MPa。现用一只测量范围为 0~1.6 MPa，精确度等级为 1.0 级的压力来进行测量，问能否符合准确度要求？并说明理由。其他条件不变，测量范围改为 0~1.0 MPa，结果又如何？

9. 在选择压力表时，应从哪些方面来考虑？

第6章 物位测量技术

物位是指敞口或密闭容器中液体介质液面的高低(称为液位),两种液体介质的分界面的高低(称为界面)和固体块、散粒状介质的堆积高度(称为料位)。用来测量液位的仪表称为液位计,测量分界面的仪表称为界面计,测量固体料位的仪表称为料位计,它们统称为物位计。

物位测量在工业生产过程中具有重要地位,特别是现代工业生产或设备运行过程中,由于具有规模大、速度快,常使用高温、高压、强腐蚀性或易燃易爆物料等特点,其物位的监测和自动控制更是至关重要。通过物位测量可以确定容器中被测介质的储存量,以保证生产过程中的物料平衡,也为经济核算提供可靠依据。同时,通过测量物位并加以控制可以使物位维持在规定的范围内,这对于保证产品的产量和质量,保证安全生产具有重要意义。

在工业生产中,物位测量对象有几十米高的大容器,也有几毫米的微型容器,介质特性更是千差万别。因此,物位测量方法很多,可以适应不同的检测要求。

6.1 物位测量的基本方法

常见的也是最直观的物位测量是直读式方法,它是在容器上开一些窗口以便进行观测的方法,对于液位测量,可以使用与被测容器相连通的玻璃管(或玻璃板)来显示容器内的液体高度。这种方法可靠,而且结果准确,但它只能在容器压力不高,只要求现场指示的被测对象中使用。此外,常用的物位测量方法还有下列几种。

(1)静压法

根据流体静力学原理,静止介质内某一点的静压力与介质上方自由空间压力之差和该点上方的介质高度成正比,因此可利用压差来检测液位,这种方法一般只用于液位的测量。

(2)浮力法

利用漂浮于液面上的浮子随液面变化位置,或者部分浸没于液体中的物质的浮力随液位的变化来测量液位,前者称为恒浮力法,后者称为变浮力法,二者均用于液位的测量。

(3)电气法

把敏感元件做成一定形状的电极置于被测介质中,电极之间的电气参数(如电阻、电容等)随物位的变化而改变。这种方法既可用于液位测量,也可用于料位测量,有时还可用于界位的测量。

（4）声学法

利用超声波在介质中的传播速度及在不同相界面之间的反射特性来测量物位。液位和料位的测量都可以用此方法。

（5）射线法

放射性同位素所放出的射线（如 β 射线、γ 射线等）穿过被测介质（液体或固体颗粒），因被其吸收而减弱，吸收程度与物位有关。利用这种方法可实现物位的非接触式测量。

6.2　静压式液位计

静压式液位计是利用液位高度变化时，由液柱产生的静压也随之变化的原理来进行测量的。如图 6-1 所示，A 代表实际液面，B 代表零液位，H 为液柱高度，根据流体静力学原理可知，A、B 两点的压力差为：

$$\Delta p = p_B - p_A = \rho g H \qquad (6-1)$$

式中：p_A、p_A 为容器中 A 点和 B 点的压力；ρ 为液体介质密度。

当被测介质密度为已知时，A、B 两点的压力差或 B 点的表压力与液位高度 H 成正比，这样就把液位的测量转化为了压力差或了压力的测量，选择合适的压力计即即可实现液位的测量。

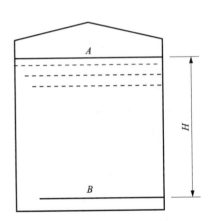

图 6-1　静压法液位测量原理

静压式液位计目前主要采用玻璃管或差压计来测量。

（1）玻璃管式

测量容器内液体的高度，最直接的方法是采用与被测容器相连通的玻璃管来直接显示。敞口容器只需在容器底部引出连通管与显示用玻璃管相连接，玻璃管的高度须大于最高液位高度，顶端敞口直接与大气相通；密闭容器则需在上下两端引出连通管与显示用玻璃管的上下端相连接。这种方法简单可靠，结果准确。但它只适用于现场指示的被测对象，如果需要将液位信号远传，还需要加设一些其他的远传设备。一般的物位测量对象都采用玻璃管作为现场监测用，再选择一套差压计作为远传使用。

（2）差压计式

将差压变送器的高压室与容器下部取压点相连，低压室与液面以上空间相连，差压变送器安装的位置较最低液位低 h_1 并低于容器底 h_2，需要检测的液位为 H，如图 6-2（a）所示，这时差压计两侧的压力分别为：

$$p_1 = \rho g H + \rho g (h_1 + h_2)$$
$$p_2 = 0（表压）$$

因此，差压 Δp 为：

$$\Delta p = p_1 - p_2 = \rho g H + \rho g (h_1 + h_2) = \rho g H + Z_0 \qquad (6-2)$$

式中：Z_0 为零点迁移量，$Z_0 = \rho g (h_1 + h_2)$。

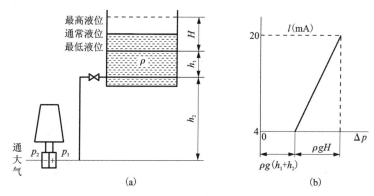

图6-2　差压仪表测量液位

(a)差压变送器的安装；(b)零点正迁移坐标图

当液位 $H=0$，即最低液位时，差压等于 Z_0，变送器就有一个与 Z_0 相应的电流信号输出。由于 Z_0 的存在，变送器输出信号不能正确反映液位的高低，也就是在实际安装差压变送器时，往往不能保证变送器和零液位在同一水平面上，因此，必须设法抵消 Z_0 的影响。

当差压变送器安装位置固定后，Z_0 是一个固定值，这时可将变送器的零点沿 Δp 的坐标正方向迁移一个相应的位置，如图6-2(b)所示，称为零点正迁移，可使变送器满足正常使用的要求。零点迁移的实质是同时改变差压变送器的上限与下限的大小，相当于把测量上下限的坐标同时平移一个位置，却不改变量程的大小，以适应现场安装变送器的实际条件。除上述零点正迁移外，也可能需要负迁移，其基本原理与方法是相同的。

6.3　浮力式液位计

浮力式液位计是通过测量漂浮于被测液面上的浮子(也称浮标)随液面变化而产生的位移，或利用沉浸在被测液体中的浮筒(也称沉筒)所受的浮力与液面位置的关系来测量液位的。前者称为恒浮力式，后者称为变浮力式。

(1)恒浮力式

恒浮力式液位计包括浮标式、浮球式和副板式等各种类型，常采用浮球式液位计测量或控制水位。浮球式水位控制器可作为敞口水箱或密闭容器的水位控制仪表，如图6-3所示，浮球用不锈钢制作，安装在浮筒内，其上端连接有连杆，连杆顶端置有磁钢，当水位发生变化时，浮球带动连杆和磁钢在调整箱组件中非导磁的管道中上下移动。当磁钢移动到上下限水银开关处，与水银开关上装有的磁钢相作用时，会带动水银开关动作，从而实现开关量的控制。

(2)变浮力式

变浮力式液位计中典型的敏感元件是浮筒，它是利用在液体中的浮筒被浸没高度不同导致所受的浮力不同来测量液位变化的。图6-4给出了为变浮力式液位计测量原理。将一横截面积为 A，质量为 m 的圆筒形空心金属浮筒悬挂在弹簧上，由于弹簧的下端被固定，因此弹簧因浮筒的重力被压缩，当浮筒的重力与弹簧力达到平衡时，则有：

$$mg = Cx_0 \tag{6-3}$$

式中：C 为弹簧的刚度；x_0 为弹簧由于浮筒重力被压缩所产生的位移。

当浮筒的一部分被液体浸没时，浮筒受到浮力作用而向上移动。当浮力与弹簧力、浮筒重力平衡时，浮筒停止移动。设液位高度为 H，浮筒由于向上移动实际浸没在液体中的长度为 h，浮筒移动的距离，也就是弹簧的位移改变量为 Δx，则有：

$$H=h+\Delta x \tag{6-4}$$

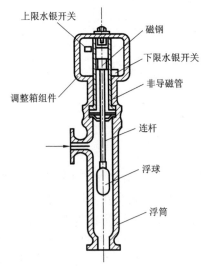
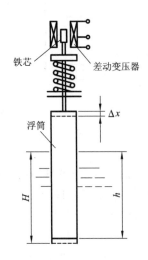

图 6-3　浮球式水位控制器结构图　　　图 6-4　变浮力式液位计原理图

根据力平衡，可得：

$$mg-\rho ghA=C(x_0-\Delta x) \tag{6-5}$$

式中：ρ 是浸没浮筒的液体密度。

将式(6-3)代入式(6-5)，整理后可得：

$$\rho ghA=C\Delta x \tag{6-6}$$

一般情况下，$h \gg \Delta x$，由式(6-5)可得 $H \approx h$，从而被测液位可表示为：

$$H=\frac{C}{\rho gA}\Delta x \tag{6-7}$$

式(6-7)表明，液位变化导致浮筒产生位移，其位移量 Δx 与液位高度 H 成正比关系。

6.4　电容式物位计

电容式物位计是利用敏感元件直接把物位变化转换为电参数的变化的。根据电量参数的不同，其可分为电阻式、电容式和电感式等。本节只介绍电容式物位计。

电容式物位计一般采用圆筒电容器进行测量，其结构形式如图 6-5 所示。它是由两个长度为 L，直径分别为 D 和 d 的圆筒金属导体组成的。当两圆筒间充以被测介质时，则由该圆筒组成的电容器的电容量为：

$$C_0=\frac{2\pi\varepsilon L}{\ln(D/d)} \tag{6-8}$$

式中：ε 为极板间介质的介电常数。

当内外电极的直径一定时，电容量与极板的长度和介质的介电常数的乘积成正比。将电容传感器插入被测介质中，电极浸入介质中的深度随物位高低而变化，电极间介质的升降，必然改变两极板间的电容量，从而可以测出物位。

根据用途不同，电容传感器形式是多种多样的，归纳起来可分为导电液体、非导电液体及固体粉状料三种。这里只介绍用于导电液体和非导电液体的两种类型。

(1) 导电液体电容液位传感器

水、酸、碱、盐及各种水溶液都是导电介质，应用绝缘电容传感器。一般用直径为 d 的不锈钢或紫铜棒做内电极，外套聚四氟乙烯塑料绝缘管或涂以搪瓷绝缘层。电容传感器插在直径为 D_0 的金属容器内的液体中，如图 6-6 所示。当容器内的液体放空，液位为零时，电容传感器的内电极与容器壁之间构成的电容为传感器的起始电容量 C_0，为：

$$C_0 = \frac{2\pi\varepsilon_0' L}{\ln(D_0/d)} \qquad (6\text{-}9)$$

式中：ε_0' 为电极绝缘套管和容器内的空气介质共同组成电容的等效介电常数。

当液位高度为 H 时，导电液体相当于电容器的另一极板。在 H 高度上，外电板的直径为 D(绝缘套管直径)，内电极直径为 d，则电容传感器的电容量为：

$$C = \frac{2\pi\varepsilon H}{\ln(D/d)} + \frac{2\pi\varepsilon_0'(L-H)}{\ln(D_0/d)} \qquad (6\text{-}10)$$

式中：ε 为绝缘套管或搪瓷绝缘层的介电常数。

将式(6-10)与式(6-9)相减，可得到液位高度 H 时的电容变化量为：

$$\Delta C = C - C_0 = \frac{2\pi\varepsilon H}{\ln(D/d)} - \frac{2\pi\varepsilon_0' H}{\ln(D_0/d)} \qquad (6\text{-}11)$$

由于 $D_0 \gg d$，且通常 $\varepsilon > \varepsilon_0'$，则式(6-11)的最后一项可以忽略，可简化为：

$$\Delta C = \frac{2\pi\varepsilon}{\ln(D/d)} H = SH \qquad (6\text{-}12)$$

式中：S 为传感器灵敏度系数。

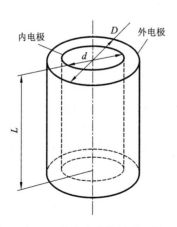

图 6-5　电容式液位计原理图

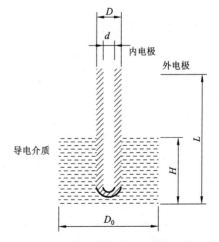

图 6-6　导电液体液位测量原理图

对于一个具体的电容传感器，D、d 和 ε 基本不变，所以测量电容的变化量即可知道液位的高低。显然，D 和 d 越接近，ε 越大，则 S 越大，传感器灵敏度越高。对于黏滞性较大的液体，测量时液体会黏在电极上，严重影响测量的准确度。因此，这种电容液位传感器不适合黏性较高或黏附力强的液体。

（2）非导电液体电容液位传感器

对于非导电液体，不要求电极表面绝缘，可以用裸电极作为内电极，外套开有液体流通孔的金属外电极，通过绝缘环装配成电容传感器，如图 6-7 所示。

当液位为 0 时，传感器内外电极会构成一个电容器，极板间的介质为空气，此时的电容量为：

$$C_0 = \frac{2\pi\varepsilon_0 L}{\ln(D/d)} \qquad (6-13)$$

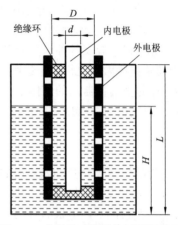

图6-7　非导电液体液位测量原理图

式中：D 为外电极内径；d 为内电极直径；ε_0 为空气的介电常数。

当液位上升到 H 高度时，电极的一部分会被介质淹没，则此时的电容量为：

$$C = \frac{2\pi\varepsilon_0\varepsilon_p H}{\ln(D/d)} + \frac{2\pi\varepsilon_0(L-H)}{\ln(D/d)} \qquad (6-14)$$

式中：ε_p 为被测液体相对介电常数。

将式（6-13）与式（6-14）相减，可得到液位高度为 H 时的电容变化量为：

$$\Delta C = \frac{2\pi\varepsilon_0(\varepsilon_p-1)}{\ln(D/d)}H = S'H \qquad (6-15)$$

式中：S' 为传感器灵敏度系数。

由于 D、d、ε_0 和 ε_p 基本不变，所以测量电容的变化量即可知道液位的高低。

6.5 超声波物位计

频率在 20 kHz 以上的声波称为超声波。根据超声波传播介质的不同，超声波物位计分为液介式、气介式和固介式三种，如图 6-8 所示。当超声波由液体传播到气体或由气体传播到液体时，由于两种介质的密度差别特别大，声波几乎全部反射。因此，把发射超声波的换能器置于盛液容器的底部，向液面发射脉冲，经过时间 t 后，换能器又会收到从液面反射回来的回波脉冲，如图 6-8(a) 所示。设换能器与液面的距离为 H，声波在液体中的传播速度为 v，则：

$$H = \frac{1}{2}vt \qquad (6-16)$$

图 6-8(a) 是液介式的情况，探头固定安装在液体中最低液位之下，应用式(6-16)即可确定液位。图 6-8(b) 是气介式的情况，探头安装在最高液位之上的空气或其他气体中，公式(6-16)依旧适用，只是速度表示的是气体中的声速。图 6-8(c) 是固介式的情况，在液体中插入两根金属波导棒，两个换能器安装在容器的顶部，一个用作发射，另一个用作接收，

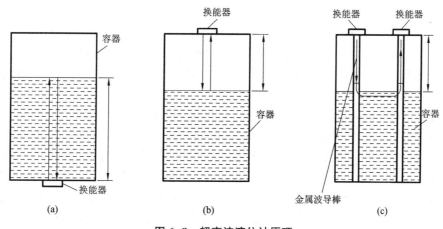

图 6-8　超声波液位计原理

(a)液介式；(b)气介式；(c)固介式

式(6-16)依旧适用，只是速度代表的是固体中的声速。

实际应用中应选择上述方案中的哪一种，应根据具体情况来确定。一般要考虑安装维护是否方便，能否满足生产上提出的要求。例如，气介式和固介式的探头都安装在液面之上，安装维护就比较方便。

超声波的接收和发射是基于压电效应和逆压电效应。具有压电效应的压电晶体在受到声波声压的作用时，晶体两端将会产生与声压变化同步的电荷，从而把声波（机械能）转换成电能；反之，如果将交变电压加在晶体两个端面的电极上，则沿着晶体厚度方向将产生与所加交变电压同频率的机械振动，向外发射声波，实现电能与机械能的转换。因此，用作超声发射和接收的压电晶体也称换能器。

换能器的核心是压电片，根据不同的需要，压电片的振动方式有很多，如薄片的厚度振动，纵片的长度振动，横片的长度振动，圆片的径向振动，圆管的厚度、长度、径向和扭转振动，弯曲振动等，其中以薄片厚度振动用得最多。由于压电晶体本身较脆，并因各种绝缘、密封、防腐蚀、阻抗匹配及防护不良环境等要求，压电元件往往装在一壳体内而构成探头。如图 6-9 所示为超声波换能器探头的常用结构，其振动频率在几百千赫兹以上，采用厚度振动的压电片。

在超声检测中，需选择合适的超声波能量。采用较高能量的超声波，可以增加声波在介质中传播的距离，适用于物位测量范围较大的检测系统；另外，提高超声波发射的能量，则经物位表面反射到达接收器的声能也能增加，有利于提高检测系统的测量准确度。但是，声能过强会引

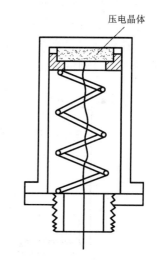

图 6-9　超声波换能器探头常用结构

起一些不利的超声效应，对测量产生影响。例如，具有较高能量的超声波在液体介质中传播易产生空化效应，大量空化气泡的形成将使超声能量在这一空化区域内消耗而不能传到较远处；超声波在介质中传播时被吸收，同时会引起介质的温升效应，超声能量越高，温升也越

高，易使介质特性发生变化，从而降低测量准确度。

为了减小上述各种不利的超声效应，同时也为了便于测量超声波的传播时间，在物位测量中一般采用较高频的超声脉冲。既减小了单位时间内超声波的发射能量，同时又可以提高超声脉冲的幅值，前者有利于减小空化效应、温升效应等，并节约仪器的能耗，后者可提高测量准确度。

超声波物位计的超声波换能器不与被测介质接触，声波传播与介质密度、电导率、热导率及介电常数等无关。只要知道超声波在介质中的传播速度，便可根据传播时间确定物位。传播时间可用适当的电路进行精确测量，而超声波在介质中的传播速度易受介质温度、成分等变化的影响，因此，需要采取有效的补偿措施。超声波传播速度的补偿方法主要有以下两种。

①温度补偿。如果声波在被测介质中的传播速度主要随温度而变化，声速与温度的关系为已知，而且假设声波所穿越的介质的温度处处相等，则可以在超声波换能器附近安装一个温度传感器，根据已知的声速与温度之间的函数关系，自动进行声速的补偿。

②设置校正具。在被测介质中安装两组换能器探头，一组用作测量探头，另一组用作构成声速校正用的探头。校正的方法是将校正用的探头固定在校正具（一般是金属圆筒）的一端，校正具的另一端是一块反射板。由于校正探头到反射板的距离 L_0 为已知的固定长度，测出声脉冲从校正探头到反射板的往返时间 t_0，则可得声波在介质中的传播速度为：

$$v_0 = \frac{2L_0}{t_0} \tag{6-17}$$

因为校正探头和测量探头是在同一个介质中，如果两者的传播速度相等，即 $v_0 = v$，则代入式（6-16），可得：

$$H = \frac{L_0}{t_0} t \tag{6-18}$$

因此，只要测出时间 t 和 t_0，就能获得物位高度 H，从而消除声速变化引起的测量误差。

根据介质的特性，校正具可以采用固定型的，也可以采用活动型的。固定型的适用于容器中的声速各处相同的介质，活动型的主要用于声速沿高度方向变化的介质。图 6-10 给出了这两种校正具测量液位的原理图。

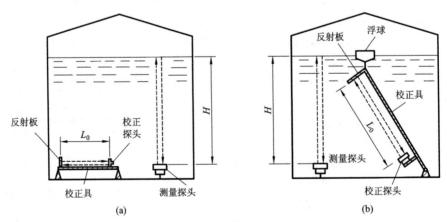

图 6-10　应用校正具测量液位原理

（a）固定型；（b）活动型

6.6　射线式物位计

放射性同位素在蜕变过程中会放射出 α、β、γ 三种射线。α 射线是从放射性同位素原子核中放射出来的，它由两个质子和两个中子所组成，带有正电荷，它的电离本领最强，但穿透能力最弱。β 射线是电子流，电离本领比 α 射线弱，但穿透能力较 α 射线强。γ 射线是一种从原子核中发出的电磁波，它的波长较短，不带电荷，在物质中的穿透能力比 α 和 β 射线都强，但电离本领最弱。

当射线射入一定厚度的介质时，部分能量被介质所吸收，所穿透的射线强度随着所通过的介质厚度的增加而减弱，变化规律为：

$$I = I_0 e^{-\mu H} \tag{6-19}$$

式中：I、I_0 为射入介质前和通过介质后的射线强度；μ 为介质对射线的吸收系数；H 为射线所通过的介质厚度。

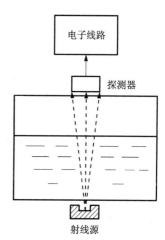

介质不同，吸收射线的能力也不同，一般是固体吸收能力最强，液体其次，气体最弱。当射线源和被测介质一定时，I_0 与 μ 都为常数。测出通过介质后的射线强度 I，便可以求出被测介质的厚度 H。图 6-11 给出了射线式物位计的基本测量原理。

射线式物位计主要由射线源、射线探测器和电子线路等部分组成。

射线源：主要从射线的种类、射线的强度以及使用的时间等方面考虑，选择合适的放射性同位素和所使用的量。由于在物位测量中一般需要射线穿透的距离较长，因此常采用穿透能力强的 γ 射线。放射源的强度取决于所使用的放射性同位素的质量，质量越大，所释放的射线强度也越大，这对提高测量准确度，提高仪器的反应速度有利，

图 6-11　射线式物位计的测量原理

但同时也给防护带来了困难，因此需要两者兼顾，在保证测量满足要求的前提下尽量减小其强度，以简化防护和保证安全。

探测器：探测器的作用是将接收到的射线强度转变成电信号，并输给下一级电路。闪烁计数管是常用的 γ 射线探测器，此外，还有电离室、正比计数管和盖革-弥勒计数管等。

电子线路：电子线路的作用是将探测器输出的脉冲信号进行处理并转换为统一的标准信号。

利用 γ 射线测量物位的方法有很多，图 6-12 给出了一些典型的应用实例。图中，I_0 为射线源，有点源和线源两种；D 为探测器，也有单点探测器和线探测器两种。它们的不同组合和安装方式便形成了不同的测量效果。

图 6-12（a）是定点测量的方法。即将射线源与探测器安装在同一平面上，由于气体对射线的吸收能力远比液体或固体弱，因而，当物位超过和低于此平面时，探测器接收到的射线强度会发生急剧变化。这种方法只能用于物位的定点监测，不能进行物位的连续测量。

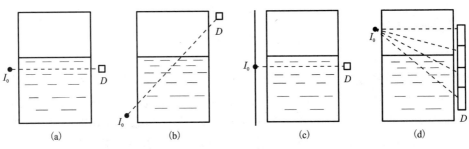

图 6-12　γ 射线测量物位的应用实例

图 6-12(b)是将射线源和探测器分别安装在容器的下部与上部，射线穿过容器中的被测介质和介质上方的气体后到达探测器的测量方法。显然，探测器接收到的射线强弱与物位的高度有关。这种方法可对物位进行连续测量，但是测量范围比较窄，一般为 300~500 mm，测量准确度也较低。

为了克服上述缺点，可采用如图 6-12(c)所示的线状射线源或采用如图 6-12(d)所示的线状探测器。这两种方法虽然对射线源或探测器的要求提高了，但既可以适应宽量程的需要，又可以改善线性特性。

此外，对于卧式容器可以把射线源安装在容器下面，将探测器放在容器的上部相对应的位置上，以实现物位的连续测量，如图 6-11 所示。

6.7　物位测量仪表的选择与使用

在各种物位测量方法中，有的方法则仅适用于液位测量，有的方法则既可用于液位测量，也可用于料位测量。在液位测量中，静压式和浮力式是最常用的测量方法，它们具有结构简单、工作可靠、准确度较高等优点。但是，它们需要在容器上开孔安装引压管或在介质中插入浮筒，因此不适用于高黏度介质或易燃、易爆等危险性较大的介质的液位测量。电容式、超声波式和射线式均可用于液位和料位的测量，其中，电容式物位计具有测量原理和敏感元件结构简单等特点，缺点是电容量随物位的变化量较小，对电子线路的要求较高，而且电容量易受介质的介电常数变化的影响。超声波物位计使用范围较广，只要界面的声阻抗不同，液位、粉末、块状的物位均可测量，敏感元件可以不与被测介质直接接触，实现非接触式测量，但由于探头本身不能承受过高的温度，声速又与介质的温度等有关，有些介质对声波吸收能力很强，因而超声波物位计的应用受到了一定限制，此外，电路比较复杂，价格也较高。射线式物位计可实现完全的非接触测量，特别适用于低温、高温、高压容器的高黏度、高腐蚀性、易燃、易爆等特殊测量对象的物位检测，而且射线源产生的射线强度不受温度、压力的影响，测量值比较稳定，但由于射线对人体有较大的危害作用，使用不当会产生安全事故，因而在选用上必须慎重。

物位测量方法除了前面所介绍的之外，还有微波法、光学法、重锤法、磁致伸缩法等。物位测量一般要求连续进行，以准确知道物位的实际高度。但在不少场合下，只要求知道物位是否已到某个规定的高度,这种测量叫定点监测。能用于定点物位监测的有浮球式液位计、电学式(电阻、电容、电感)物位计、超声波物位计和射线式物位计等。

物位测量的特点是敏感元件所接收到的信号,一般与被测介质的某一特性参数有关,例如,静压式和浮力式液位计与介质的密度有关;电容式物位计与介质的介电常数有关;超声波物位计与声波在介质中的传播速度有关;而射线式物位计与介质对射线的线性吸收系数有关。当被测介质的温度、组分等改变时,这些参数可能也会发生变化,从而影响测量准确度。另外,大型容器会出现各处温度、密度和组分等的不均匀,从而引起特性参数在容器内的不均匀,同样也会影响测量准确度。因此,当工况变化较大时,必须对有关的参数进行补偿或修正。

思考题与习题

1.恒浮力式液位计和变浮力式液位计的测量特点分别是什么?

2.简述超声波物位计的测量原理及其分类。

3.用差压式液位计测量液位,为什么常遇到零点迁移问题?零点迁移的实质是什么?正迁移和负迁移有何不同?

4.请对比分析浮力式、差压式和电气式物位计测量物位时的适用场合。

5.用电容式液位计测量导电物质与非导电物质液位时,在原理和电极结构等方面有何异同点?

6.用差压变送器测量密闭容器的液位,如图 6–13 所示,设被测液体的密度 $\rho = 1 \text{ g/cm}^3$;设液位变化范围 $H = 0 \sim 1800 \text{ mm}$,$h_1 = 50 \text{ mm}$,$h_2 = 2000 \text{ mm}$。试求:(1)差压变送器的零点要进行正迁移还是负迁移?迁移量为多少?(2)差压变送器的量程选多大?(3)零点迁移后测量上、下限各是多少?

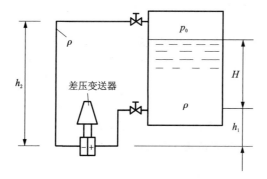

图 6–13 题 6 附图

第 7 章　流速与流量测量技术

流体运动在自然界无处不在，流速、流量是对流体运动的定量化描述。测量流速与流量对提高人类认识自然、改造自然的能力具有重要的意义，其几乎在所有行业和领域均扮演着重要角色。例如，在能源领域，流量测量是能源计量的重要手段，为能源的贸易结算、科学管理提供了依据；在环境保护领域，人们为了防范和控制环境污染，需要对可能污染源的废气、废液和污水的排放量进行测量。不同领域的流体物性及运动形态往往存在较大差异，相应地，流速与流量的测量方法与仪表亦多种多样，本章将介绍流速、流量测量的相关概念并重点介绍几种应用较多且相对成熟的测量方法与仪表。

7.1　流速与流量测量的基本概念

7.1.1　流速与流量的定义

流速是描述流体(气体或液体)质点在某瞬时的运动方向和运动快慢的矢量，方向与质点轨迹的切线方向一致，大小为：

$$u = \frac{\mathrm{d}s}{\mathrm{d}t} \tag{7-1}$$

式中：s 为质点位移；t 为时间。流速的国际标准单位为 m/s，工程上常用的单位有 m/min、km/h 等多种。流速一般为空间点位置 r 及时间 t 的矢量函数，即：

$$u = u(r, t) \tag{7-2}$$

一方面，流体在实际流动中，流速往往随时间变化，在某一段时间内的流速的平均值称为时均流速，即：

$$\bar{u}_t = \frac{\int_t^{t+\Delta t} u \mathrm{d}t}{\Delta t} \tag{7-3}$$

另一方面，流通截面不同位置处的流速往往也是不同的。例如，渠道和河道里靠近河(渠)底、河岸处的流速较小，河中心近水面处的流速最大。为了计算简便，通常用流通截面的平均流速来表示该断面水流的速度。即：

$$\bar{u}_A = \frac{\int_A u \mathrm{d}A}{A} \qquad (7\text{-}4)$$

式中：A 为流通截面面积。

流量指单位时间内流体流经通道(管道、明渠等)中某截面的数量，通常用体积流量和质量流量来描述。瞬时体积流量为单位时间内通过截面的流体体积，即：

$$q_v = \int_A u \mathrm{d}A \qquad (7\text{-}5)$$

瞬时质量流量为单位时间内通过截面的流体质量，即：

$$q_m = \int_A \rho u \mathrm{d}A \qquad (7\text{-}6)$$

式中：ρ 为流体密度。如果流体密度处处相等，则：

$$q_m = \rho q_v \qquad (7\text{-}7)$$

相应地，一段时间内流体瞬时体积流量或瞬时质量流量的平均值通常称为时均体积流量或时均质量流量。

7.1.2　常用流速、流量测量仪表

流速的测量仪表种类很多，常用的有叶轮式、量热式、差压式、电磁式、超声波式以及激光多普勒式等。测量流量的仪表被称为流量计，流量计分类方法较多，一个较为常见的分类方法如图 7-1 所示[1]。

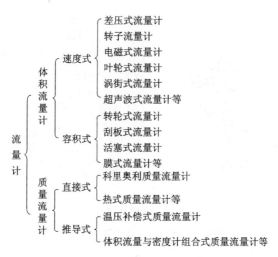

图 7-1　流量计的分类方法

按被测量是体积流量还是质量流量，流量计可分为体积流量计和质量流量计两大类。体积流量表又分为速度式流量计和容积式流量计。速度式流量计，是指当管道中流体的流通截面积 A 确定后，通过测出通过该截面流体的流速 v，来获得此处流体的体积流量大小($q_v =$

Av)的流量计。而在单位时间里(或一段时间里)直接测得通过仪表的流体体积流量 q_v 的仪表称为容积法体积流量仪表，或容积式流量表。质量流量仪表又分为直接法质量流量仪表和间接法质量流量仪表，前者是由仪表的检测元件直接测量出流体质量的仪表，后者是同时测出流体的体积流量、温度、压力值，再通过运算间接推导出流体的质量流量的仪表。

本章将按照测量原理和结构分类法介绍常用的几种流量测量计，由于流速测量仪表的测量原理与相应的速度式流量计相近，因此，本章不对流速测量仪表作专门介绍，只是在介绍速度式流量计的时候会介绍相关的流速测量仪表。

7.2 叶轮式流量计

7.2.1 叶轮式流速计

叶轮是一种可以将流体动能转换为机械能的装置，置于流动流体中的叶轮会发生旋转，其旋转角速度与流体流速有关，流速越快，叶轮的旋转角速度也会越快。叶轮式流速计根据叶轮的旋转角速度(或旋转周期、旋转频率)表征流体速度，这种流速计具有相当悠久的历史。

用于测量风速的叶轮式流速计通常被称为叶轮式风速仪，又称机械式风速仪。根据叶轮形状的不同，叶轮式风速仪可分为翼形叶轮式风速仪和杯形叶轮式风速仪，如图 7-2(a)所示。

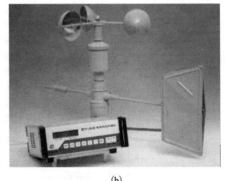

(a)　　　　　　　　　　　　　　　(b)

图 7-2　叶轮式风速仪

(a)翼形叶轮式风速仪；(b)杯形叶轮式风速、风向仪

利用翼形叶轮式风速仪测量风速时要求叶轮旋转平面与气流方向垂直，利用杯形叶轮式风速仪测量风速时要求叶轮旋转平面与气流方向平行，如果叶轮方向与要求产生偏差，将会产生测量误差。通常当偏差角度在 ±10° 以内时，风速仪测量误差不大于1%[2]，偏离此范围，测量误差会随偏离程度的变大而急剧增加。两类叶轮式风速仪均可以与风向仪配合使用，如图 7-2(b)所示。

　　两类叶轮式风速仪各有优点。在同样的风速下，杯形叶轮受到的旋转力矩通常更大，具有更高的灵敏度和更宽的测量范围，而且杯形叶轮的加工制作成本也相对较低。翼形叶轮在测量过程中旋转轴受到的流体的不平衡作用力相对较小，通常具有更长的使用寿命。

　　叶轮式风速仪线性度较好，结构简单，制作成本低廉，操作方便。但是，叶轮与旋转部件在使用过程中会发生磨损，从而影响测量结果的准确性，需要定期维护和校准。而且在户外使用时，叶轮式风速仪容易受到风沙、雨雪、冰冻等外部因素的干扰。

　　早期的叶轮式风速仪将叶轮转速通过机械传动装置连接到指示或计数设备上，测量精度较低，测量范围较窄，并且难以测量瞬时风速。现代的叶轮式风速仪通常将叶轮的转速转变成电信号再进行显示或记录，具有更高的精度、更宽的测量范围和更多的功能。现代叶轮式风速仪风速测量范围大致为 0.4~70 m/s，测量精度可达±0.2 m/s，并且能够测量瞬时风速。

7.2.2　叶轮式水表

　　在世界范围内，叶轮式水表是目前计量各类用户用水量最主要的仪表。人们说的水表通常就是指叶轮式水表。根据水流方向与叶轮方向之间的关系，叶轮式水表可分为螺翼式和旋翼式两种。螺翼式水表，又称伏特曼水表，其测量水流沿叶轮的轴线方向流入表内，适合在大口径管路中使用（DN80-DN200）。螺翼式水表属于涡轮流量计，工作原理参见本章 7.2.3 节，本节重点介绍旋翼式水表。旋翼式水表的水流沿叶轮切线方向流入表内，是目前应用最多的水表品种，有单流束和多流束两种形式，如图 7-3 所示。

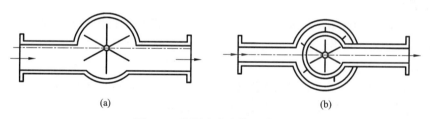

图 7-3　旋翼式水表的两种形式
（a）单流束；（b）多流束

　　单流束旋翼式水表只有一束水流推动内部的叶轮旋转，多流束水表在结构上比单流束水表多了一个叶轮盒，是多束水流通过叶轮盒上的小孔均匀流入测量室推动叶轮旋转。单流束水表结构简单，价格低廉，适用于小管径（DN15-DN25）的管道。多流束水表叶轮偏磨耗小，安装所需直管段短，测量精度高，适用于中、小管径（DN15-DN150）的管道。

　　叶轮选装通常由齿轮机构减速并传给指示装置，流量指示部分处于水中的水表称为湿式水表，不处于水中的称为干式水表。湿式水表结构简单，不需要密封水，但仪表刻度盘等显示部件容易被水中杂质污染，而干式水表则不存在前述问题。

　　叶轮式水表的测量误差与被测流量之间的关系如图 7-4 所示。我国水表行业标准《冷水水表检定规程 JJG162—2009》规定：从最小可测流量 q_1 至分界流量 q_2，即 $q_1<q≤q_2$，为流量低区，误差限为 5%；从分界流量 q_2 至过载流量 q_4，即 $q_2<Q≤q_4$，为流量高区，误差限为 2%。其中，过载流量 q_4 是指在短时间内能符合允许误差要求的最大可测流量，$q_3=q_4/1.25$ 为常

用流量(即可长时间测量的最大流量)。水表可长时间用于测量常用流量以下的水流量，短时间用于测量过载流量以下的水流量。流量计可长时间测量的最大流量与最小可测流量之间的比值通常被称为流量计的量程比，因此，水表的量程比为：$R=q_3/q_1$。

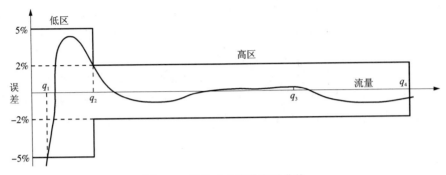

图7-4   叶轮式水表的误差曲线

7.2.3   涡轮流量计

涡轮流量计[2,3]是一种计量精度较高、压力损失较小的叶轮式流量计，广泛应用于石油、有机液体、无机液、液化气、天然气、煤气和低温流体等的流量测量。上一节提及的螺翼式水表也属于涡轮流量计。

涡轮流量计的一种典型结构如图7-5所示。图中，涡轮1是用高导磁的不锈钢制成的，涡轮体上有数片螺旋形叶片，整个涡轮支撑在前后两个摩擦力很小的轴承2内。流体流动推动涡轮旋转而测定流量。

流体经导流器进入流量计，作用于涡轮叶片上推动涡轮旋转，流速越高，涡轮旋转越快。涡轮旋转时，其高导磁性的叶片扫过磁场，使磁路的磁阻发生周期性的变化，线圈中的磁通量也随之变化，感应产生脉冲电势的频率 f 与涡轮的转速成正比。涡轮流量计输出的电脉冲信号经前置放大后，送入数字频率计，以指示和累积流量。

在流量测量范围和一定流体条件范围内，涡轮流量计输出信号频率 f 与通过涡轮流量计体积流量 q_v，即其流量方程为：

$$q_v = f/K \tag{7-8}$$

式中：K 为涡轮流量计的仪表系数，1/L 或 1/m³，每一台涡轮流量计的仪表系数通常都要经过实验标定。理想仪表系数在测量范围内为一个常数，但实际情况并非如此，实际特性曲线如图7-6所示。

由图7-6可知，涡轮流量计的实际特性曲线可分为线性区和非线性区。线性区约为其工作区的三分之二，在线性区，仪表常数可视为常数，具体数值与传感器结构及流体物性参数有关。在非线性区，流量计特性受轴承摩擦力、流体黏性力影响较大。当流量极小时，仪表系数随流量增大而急剧增大，在层流与紊流的过渡区域（$Re \approx 2300$），仪表系数达到峰值。仪表使用的流量测量范围应在特性曲线的线性部分，流量计最好工作在流量上限的50%以上，以减小测量误差。

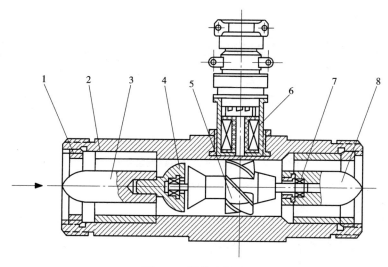

图 7-5 涡轮流量计

1—紧固环；2—壳体；3—前导流器；4—止推片；
5—涡轮叶片；6—磁电转换器；7—轴承；8—后导流器

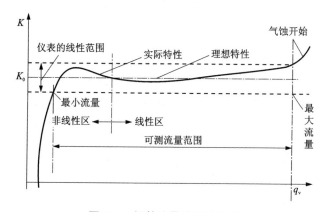

图 7-6 涡轮流量计特性曲线

涡轮流量计多为短管式，这也是涡轮流量计的传统形式，安装时将流量计两端通过螺纹或法兰接入流体管道，应安装在便于维修、管道无振动、无强电磁干扰与热辐射影响的场所，并且一般要加装过滤器，以保持被测介质清洁，减少磨损，如图 7-7 所示。

短管式涡轮流量计的安装较为麻烦，尤其是对于大管径管道。插入式涡轮流量计的出现一定程度上降低了安装难度，插入式流量计的传感器部分（涡轮）相对于管径尺寸很小，安装时可以在在管壁上打孔，通过连杆和固定装置将传感器置入流体中，安装方便。但是，插入式涡轮流量计直接测量的实际是流通截面上的局部流速，因此，测量精度比短管式涡轮流量计低。

无论是短管式涡轮流量计还是插入式涡轮流量计，安装时对上下游直管段的长度均有一定要求，下游直管段长度不小于 $5D$（D 为直管段管径），上游直管段长度可按表 7-1 确定。

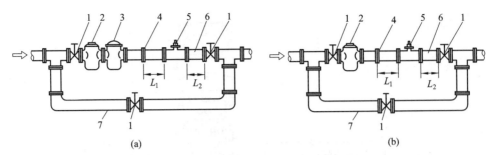

图 7-7   短管式涡轮流量计安装示意图

1—阀门；2—过滤器；3—消气器；4—前直管段；5—流量传感器；6—后直管段；7—旁路

若上游侧阻流件情况不明确，一般推荐上游直管段长度不小于 $10D$，如安装空间不能满足要求，应在阻流件与传感器之间安装流动调整器。

表 7-1   涡轮流量计安装上游最小直管段长度

上游侧阻流件类型	单个 90°弯头	同平面上的两个 90°弯头	不同平面上的两个 90°弯头	同心渐缩管	全开阀门	半开阀门
L_1/D	20	25	40	15	20	50

涡轮式流量计精度高，对于液体介质，一般为 $\pm(0.25\sim0.5)\%R$，精密型可达 $\pm0.15\%R$；对于气体，一般为 $\pm(1.0\sim1.5)\%R$，特殊专用型可达 $\pm(0.5\sim1.0)\%R$。该流量计重复性好，短期可达 $0.05\%\sim0.2\%$；测量范围宽，量程比通常为 $6:1\sim10:1$，大口径的可达 $40:1$；输出脉冲频率信号，响应快，信号分辨力强，适于总量计量及与计算机连接，无零点漂移，抗干扰能力强。

选用涡轮流量计主要是看中其精度高的特点。为满足流量测量的要求，选用涡轮流量计时，须考虑以下因素。

（1）流量范围、精度等级

涡轮流量计的流量范围对其精确度及使用期限有较大的影响，一般在工作时最大流量相应的转速不宜过高。对于连续工作（每天工作时间超过 8 h），最大流量应选在仪表上限流量的较低处，而对于间歇工作（每天工作时间少于 8 h），最大流量可选在较高处。一般连续工作时将实际最大流量的 1.4 倍作为仪表的流量上限，而间歇工作时则乘以 1.3。当流速偏低时，最小流量成为选择仪表口径的首要问题，通常以实际最小流量乘以 0.8 作为仪表的流量下限。

（2）被测介质特性

涡轮流量计适合洁净（或基本洁净）、单相及低黏度流体的流量测量，对管道内流速分布畸变及旋转流敏感，要求进入传感器应为充分发展管流，因此要根据传感器上游侧阻流件类型配备必要的直管段或流动调整器。此外，流体物性参数对测量结果影响较大，气体流量计易受密度的影响，而液体流量计对黏度变化反应敏感，故实际使用时，需根据测量要求进行温度、压力、黏度补偿。

7.3　差压式流量计

7.3.1　动压式测量管

由不可压缩流体伯努利方程可知：

$$p + \frac{1}{2}\rho v^2 = p^*　　　　　　　　　(7-9)$$

式中：式中 p^* 为流体的总压，p 为流体的静压力，ρ 为静压、静温下流体的密度；v 为气体的运动速度。由上式易知：

$$v = \sqrt{\frac{2}{\rho}(p^* - p)}　　　　　　　　(7-10)$$

因此，在流体密度已知的条件下，流体速度可以根据流体动压（即总压与静压之差）求出，而且根据流体流通截面信息和求得的流体速度，可进一步求得通过流通截面的流体流量。所谓的动压式测量管，即通过测量流体动压（总压与静压之差）获得流速或流量信息的测量装置，包括皮托管、复合测压管、均速管等。

考虑到动压测量中存在的误差以及流体的可压缩性，流体速度计算公式可修正为：

$$v = K\sqrt{\frac{2}{\rho}\left(\frac{p^* - p}{1 + \varepsilon}\right)}　　　　　　(7-11)$$

式中：K 为测压管校正系数，标准毕托管校正系数为 $0.99 \sim 1.01$，S 形毕托管为 $0.81 \sim 0.86$；ε 为可压缩性修正系数，可按下式计算：

$$\varepsilon = \frac{M^2}{4} + \frac{2-k}{24}M^4 + \cdots　　　　　(7-12)$$

式中：M 和 k 分别为马赫数和绝热指数。在通风、空调工程中气流速度一般在 40 m/s 以下，此时 ε 通常小于 0.0034，因此可不考虑可压缩性的影响。

7.3.1.1　毕托管

最早的毕托管[6]由法国工程师毕托（H Pitot）发明，是一根弯成直角的小管，用于测量流体总压。德国普朗特（L Prandtl）等对其进行了改造，使其具备了同时测量液体总压和静压的功能。

常用的毕托管有 L 形和 S 形两种。L 形毕托管由两根不同内径管子同心套接而成，如图 7-8 所示。内管通直端尾接头是全压管，外管通侧接头是静压管，测出流体全压和束流静压值之差，即可用于流速和压差关系式，算出流速。L 形毕托管又称标准毕托管，其技术最为成熟和完善，测量精度高。

S 形毕托管由二支同径管焊接而成，面对气流为全压端，背对气流为静压端，并在接头处标有系数号及静压接头标记号，使用时不能接错。侧面指向杆与测头方向一致，使用时可确定方向，保证测头对准来流方向。相对于 L 形毕托管，S 毕托管制作本低廉，而且一方

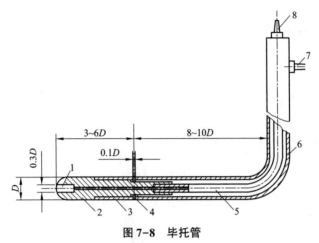

图7-8 毕托管

1—总压测孔；2—感测头；3—外管；4—静压孔；
5—内管；6—管柱；7—静压引出管；8—总压引出管

面，由于其开口面积较大，特别适用于测量含尘较大的气流或黏度较大的液体。但另一方面，由于其开口大，流体在开口内也容易形成漩涡，从而影响测量结果。

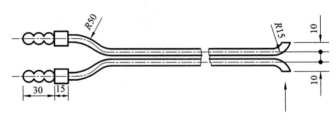

图7-9 S形毕托管

毕托管对流体的阻力较小，价格便宜，结构简单，适用于不同口径。但是，毕托管的量程比较低（通常只有约4:1），而且测量孔容易被堵塞，易受湍流的影响。显然，若使用毕托管测得了流通截面上多个位置处的流速，根据测量结果可进一步计算得出流体流量。毕托管目前常用于测量管道流体速度、炉窑烟道内的气流速度，经过换算来确定流量，是一种经典的广泛的测量方法。

7.3.1.2 复合测压管

能同时通过测量流体若干方向上的压力进而确定流体流速和方向的测压管通常称为复合测压管[4]。一种常用于测量平面（二维）流场的三孔圆柱式复合测压管如图7-10所示，在垂直于圆柱轴线方向的平面上开三个孔，中间的孔称为总压孔，两侧的孔称为方向孔。

测量时可绕轴线旋转圆柱，使得总压管测得压力最大，此时，总压孔对应的方向即为来流方向，总压孔测得的压力即为流体在该位置处的总压，而两侧的方向孔所测得的压力介于流体总压与静压之间，具体定量关系与三个孔之间的相对位置有关，可通过实验标定。因此，使用圆柱型复合测压管，仍可根据式（7-11）来计算流体速度，只是复合测压管测得的压差事实上是总压与方向孔压力(而非静压力)之差,相应地,复合测压管测得的差压信号小于动压,因此,复合测压管的校正系数通常大于1。

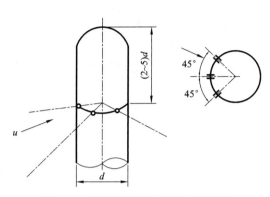

图 7-10　圆柱形三孔二元复合测压管

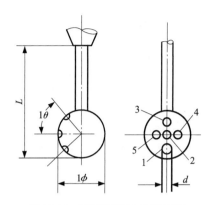

图 7-11　球形五孔三元测压管

一种用于测量空间(三维)流场的五孔圆柱式复合测压管如图 7-11 所示,其工作原理与圆柱形三孔二元复合测压管类似,只是调节方向上多了一个维度,因此可以三维流场的流速方向。除前述的圆柱形、球形之外,复合测压管还有管束形、楔形等形状。

7.3.1.3　均速管

毕托管测量的是流通截面上某一点的流速,并不代表平均流速,也不可仅凭一次测量计算流量。虽然可通过多点测量来计算其平均值和对应流量值,但实施起来比较麻烦,因此,发明了使用更为方便的均速管。均速管流量计(或流速计)的传感器探头有阿牛巴、威力巴、威尔巴、德尔塔巴、托巴、双 D 巴等多种类型,均为插入式探头,探头上设置有多个测压孔,因此,一次测量即可获得流通截面的平均流速或流量。这里简要介绍阿牛巴与威尔巴匀速管。

阿牛巴匀速管是最早用于测量管道流体平均速度和截面流量的仪表,至今仍常被选用,其基本结构及测量原理如图 7-12 所示。总压管面对气流方向开有四个取压孔,所测量的是四个截面(图中两个半圆形和两个半环)的流体总压;在总压管内另插入一根引压管,由它引出四个总压的平均值;静压管装在背向流动方向上,取压孔在管道轴线位置上,引出流体的静压。

将平均总压、静压分别引入差压变送器,可测出两者的压差 Δp,Δp 便是流体的平均动压。流通截面的平均流速和流量可根据下式计算:

$$\bar{v} = K \sqrt{\frac{2}{\rho} \left(\frac{\Delta p}{1+\varepsilon} \right)} \qquad (7-13)$$

$$q_v = \frac{\pi}{4} D^2 \bar{v} \qquad (7-14)$$

式中:D 为管道直径;K 为均速管流量系数,与均速管结构、管道直径、流体种类、雷诺数大小等有关,由实验确定或由生产厂提供。

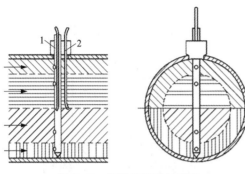

图 7-12　阿牛巴流量计原理

1—总压管；2—静压管

图 7-13　威尔巴探头

阿牛巴匀速管适用范围较广，管径 $D = 25 \sim 2500$ mm（特殊达 5000 mm），工作压力可达几十兆帕，工作温度可达 800℃ 以上。要求雷诺数 $Re_D \geqslant 10^4$，流速要求气体为 5 m/s，液体为 0.5 m/s，蒸汽为 9 m/s 以上。

威尔巴匀速管是国内设计生产的，如图 7-13 所示，其截面形状如子弹头，高压孔在弹头前端部，低压孔位于探头侧后两边。在威尔巴探头的前部金属表面，进行了粗糙化处理，根据空气动力学原理，流体流过粗糙表面，将形成一个稳定的紊流边界层，这有利于提高低流速状态的测量精度，使得流体在低流速时，探头仍可获得稳定精确的差压信号，因此，威尔巴匀速管相对于阿牛巴匀速管具有更低的量程下限，在测量较小的流速时仍能保持流量系数的稳定。

威尔巴匀速管适用于空气、煤气、天然气、烟气、自来水、给水、含腐溶液、饱和蒸汽、过热蒸汽等流体的测量，适用于直径 $D = 12 \sim 5000$ mm 的圆形管道，也适用于长方形管道。量程比约 10：1，测量时上下游直管段长度要求为上游侧 $\geqslant 7D$，下游侧 $\geqslant 3D$，视管道局部阻力的形式而定。

7.3.2　节流式流量计

节流式流量计也是差压式流量计的一种，主要包括节流装置、差压变送器和流量积算仪等部件，其中节流装置由节流件、取压装置和符合要求的直管段所组成，是节流式流量计的检测元件。节流装置在流量、流速测量中的应用已有超过半个世纪的历史，积累的经验和试验数据十分充分，工业上常用的节流装置已经标准化，设计与生产都有统一标准，一般无须实验标定即可使用。标准化的节流件被称为标准节流装置，包括标准孔板、标准喷嘴与标准文丘里管（简称孔板、喷嘴、文丘里管）等。在实际测量中有时也会使用一些非标准节流装置，如双重孔板、圆缺孔板、双斜孔板等，使用这些非标准装置时，应单独对其进行检定和实验。

7.3.2.1　节流式流量计的测量原理

流体流经接入管道中的节流装置（如孔板、喷嘴及文丘里管等）时，流束会产生局部收缩, 如图 7-14 所示。相应地, 在流经节流元件前后, 流体的静压力、流速也会发生变化, 如图 7-15 所示。

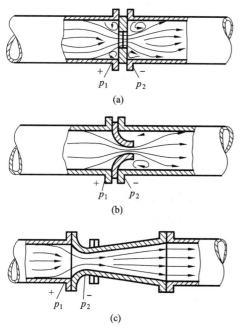

图 7-14　几种典型的节流装置

(a)孔板；(b)喷嘴；(c)文丘里管

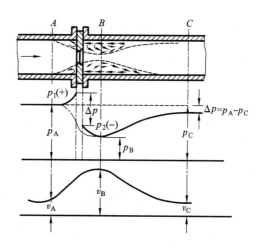

图 7-15　节流元件前后压力和流速变化情况

对于不可压缩的理想流体, 忽略压力损失, 由伯努利方程可得：

$$p_A + \frac{\overline{\rho v_A^2}}{2} = p_B + \frac{\overline{\rho v_B^2}}{2} \tag{7-15}$$

式中：p_A、p_B 分别为流体在截面 A、B 处流束中心的静压力；$\bar{v}_A$、$\bar{v}_B$ 分别为两个截面处的平均流速。由流体连续性方程可得：

$$\frac{\pi}{4}D^2\bar{v}_A = \frac{\pi}{4}d'^2\bar{v}_B \tag{7-16}$$

式中：D 和 d' 分别为两截面处的流束直径。流体流过管道的体积流量可表示为：

$$q_v = \frac{\pi}{4}d'^2\bar{v}_B \tag{7-17}$$

由式(7-15)~式(7-17)可得：

$$q_v = \sqrt{\frac{1}{1-\left(\dfrac{d'}{D}\right)^4}}\frac{\pi}{4}d'^2\sqrt{\frac{2}{\rho}(p_A-p_B)} \tag{7-18}$$

式中：p_A、p_B 为流体流束中心的静压力, 不易测量；d' 为流束最小截面直径, 也难以准确确定。因此, 实际测量中, 用节流元件前、后管壁压力 p_1、p_2 分别代替 p_A、p_B, 用节流元件开孔直径 d 代替 d', 并引入一个修正系数, 从而将式(7-18)修正为：

$$q_v = C\sqrt{\frac{1}{1-\beta^4}}\frac{\pi}{4}d^2\sqrt{\frac{2}{\rho}(p_1-p_2)} \tag{7-19}$$

式中：C 为流出系数，是实际流量与理论流量之比，通过实验确定；β 为节流孔与管道的内径比。上式又可记为：

$$q_v = \alpha\frac{\pi}{4}d^2\sqrt{\frac{2}{\rho}\Delta p} \tag{7-20}$$

式中：$\alpha = C\sqrt{\dfrac{1}{1-\beta^4}}$ 为流量系数；$\Delta p = p_1 - p_2$，为静压差。考虑到流体的可压缩性，上式又可修正为：

$$q_v = \alpha\varepsilon\frac{\pi}{4}d^2\sqrt{\frac{2}{\rho_1}\Delta p} \tag{7-21}$$

式中：ε 为流体膨胀系数，不可压缩流体可取 1，可压缩流体的膨胀系数小于 1，具体数值由节流孔与管道的内径比、前后压力比以及被测介质的等熵指数决定；ρ_1 为节流元件上游侧的流体密度。

7.3.2.2　标准节流式装置

标准节流式装置是按照当前的国际标准 ISO5167（2003）和我国国家标准 GB/T2624—2006 规定的技术条件设计、制造的节流装置，主要包括标准孔板、标准喷嘴与标准文丘里管等。严格按照国际标准和国家标准设计、制造和使用的标准节流装置无须实验标定，测量精度一般可达 1%~2%。

国际标准和国家标准对标准节流装置的取压方法有严格的要求，标准规定的主要取压方式包括角接取压、法兰取压、径距取压三种。标准孔板可采用角接取压、法兰取压和径距取压（上游取压口距离孔板 D，下游取压口距离孔板 $0.5D$，D 为管道直径），如图 7-16 所示。标准喷嘴常用角接取压，标准文丘里管常用径距取压（上游取压口距离收缩段起始平面 $0.5D$，下游取压口距离喉部起始面 $0.5d$，d 为文丘里管喉部直径）。

所谓角接取压是指从节流件上下游断面与管壁的夹角处取出待测的压力，取压装置结构有环室取压和单独钻孔取压两种形式，如图 7-16(a) 所示。单独钻孔取压由前、后夹紧环上取出，对于直径较大的管道，为了取得均匀的压力，允许在孔板上下游侧规定的位置上分别设置几个单独钻的取压孔，钻孔按等角距对称配置，并连通起来做成取压环形管。环室取压是在节流件上下游两侧安装前、后环室（或称夹持环），用法兰将环室、节流件和垫片紧固在一起，环室的内径应在 $1\sim1.04D$ 范围内选取，并保证不凸出于管道内。环室取压的压力取口面积比较大，便于取出平均压差，有利于提高测量准确度，但是加工制造和安装工作复杂。对于大口径的管道（$D \geqslant 400$ mm），通常采用单独钻孔取压。

法兰取压是在节流元件的连接法兰中钻孔取压的，如图 7-16(b) 所示。取压孔的轴线离孔板上下游端面的距离名义上均为 25.4 mm，取压孔的轴线应与管道轴线直角相交，孔口与管内表面平齐，孔径 b 不大于 $0.13D$ 并小于 13 mm。

径距取压是在节流元件的上游管道和下游管道规定位置取压的，如图 7-16(c) 所示。对于标准孔板，上游取压口中心与孔板上游端面的名义距离应等于 D，下游取压口中心与孔板

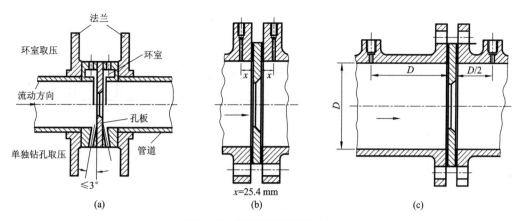

图 7-16 标准孔板的取压方式

（a）角接取压；（b）法兰取压；（c）径距取压

下游端面名义距离应为 $D/2$。

显然，对于相同的节流元件，不同的取压方式测得的差压具有不同的物理意义，因此，取压方式会影响节流式流量计的流出系数 C。对于标准节流装置流出系数的计算，国际标准和我国国家标准也有严格规定。例如，GB/T2624—2006 规定，$D \geqslant 71.12$ mm 时标准孔板流出系数的计算公式为：

$$C = 0.5961 + 0.0261\beta^2 - 0.216\beta^8 + 0.000521\left(\frac{10^6\beta}{Re_D}\right)^{0.7}$$

$$+ (0.0188 + 0.0063A)\beta^{3.5}\left(\frac{10^6}{Re_D}\right)^{0.3}$$

$$+ (0.043 + 0.08e^{-10L_1} - 0.123e^{-7L_1}) \times (1 - 0.11A)\frac{\beta^4}{1-\beta^4}$$

$$- 0.031(M_2' - 0.8M_2'^{1.1})\beta^{1.3} \tag{7-22}$$

式中：$L_1 = l_1/D$，其中 l_1 为上游取压孔到孔板上游侧断面的距离；Re_D 为管道流动的雷诺数；$A = (19000\beta/Re_D)^{0.8}$，$M_2' = 2(l_2'/D)/(1-\beta)$，其中 l_2' 为孔板下游端面到下游取压孔的距离。对于角接取压，$l_1 = l_2' = 0$；对于径距取压，$l_1 = 1D$，$l_2 = 0.5D$；对于法兰取压，$l_1 = l_2' = 25.4$ mm。

由式（7-22）可知，标准孔板的流出系数除与孔板结构和取压方式有关外，还受雷诺数的影响。事实上，喷嘴、文丘里管等其他标准节流元件也是如此。由于标准节流元件的流出系数与雷诺数有关，一旦流出系数确定，基于标准节流装置的流量计的测量误差将随被测流量变化，因此，基于标准节流装置的流量计的测量范围普遍不高，量程比通常只有 3：1 或 4：1。

标准节流装置只适用于测量充满于圆形截面管道中的单相、均质、连续、稳定、流速低于音速的流体流量，上下游拐弯、扩张、缩小、分岔及阀门等阻力件的存在会影响流体的流动状态，从而影响测量精度，因此，安装标准节流装置时应保证上下游有足够长的直管段。上下游直管段长度的具体需求与节流装置类型、结构参数（直径比）、阻力件类型有关，同样条件下，孔板要求的直管段长度最长，喷嘴次之，文丘里管最短，详细的安装条件及要求可参阅 GB/T 2624—2006。

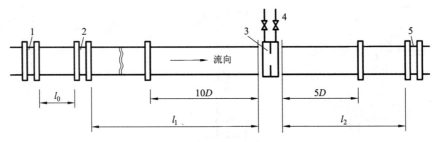

图 7-17 节流装置的安装管段

1，2，5—局部阻力件；3—节流件；4—引压管

标准节流装置的压力损失普遍较大，孔板的压力损失为最大压差的 50%~90%，喷嘴的为 30%~80%，文丘里管的为 10%~20%。加工制造及装配难易而言，孔板最简单，喷嘴次之，文丘里管最复杂，造价也最高，故一般情况下均应选用孔板。

7.3.2.3 非标准节流装置

标准节流装置已经过充分的研究和验证，测量精度稳定，在测量中应优先选用。但是，标准节流装置的使用限制条件较多，如要求管道内径 D 在 50 mm 以上，雷诺数 $Re_D \geqslant 5000$ 等，而实际的测量条件有时不能满足这些要求。此时，可采用一些非标准形式的节流装置来进行测量。

非标准形式的节流装置也称为特殊节流装置，主要包括楔形孔板(见图 7-18)、圆缺孔板(见图 7-19)、偏心孔板(见图 7-20)、1/4 圆孔板(见图 7-21)、V 锥(见图 7-22)、内文丘里管(见图 7-23)等，这些非标准形式的节流装置在流量测量中的工作原理与标准节流装置类似，但在适用条件、测量范围等方面与标准节流相比具有一定优势，通常更适用于对小流量、特殊流体介质的测量。

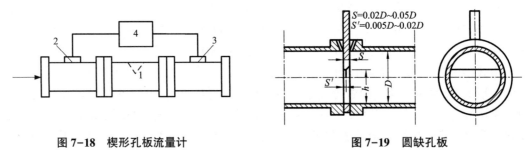

图 7-18 楔形孔板流量计

1—楔形节流件；2，3—取压装置；4—压力计

图 7-19 圆缺孔板

楔形孔板在较低的雷诺数情况下($Re_D = 500$ 时)，流量与差压仍能保持平方根的比例关系，测量范围较宽，适用于测量泥浆、矿浆、纸浆、污水、重油、原油、柴油、煤气等含悬浮物的、高黏度的流体。

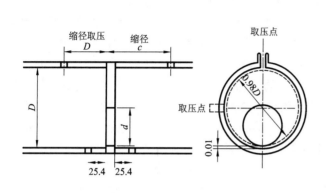

图 7-20　偏心孔板

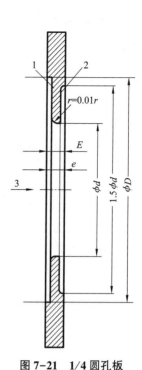

图 7-21　1/4 圆孔板

1—上游端面 A；2—下游端面；3—流向

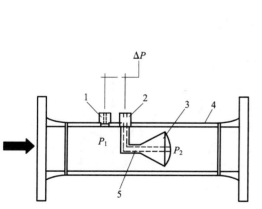

图 7-22　V 锥流量计

1—高压取压口；2—低压取压口；
4—管壁；5—支撑杆

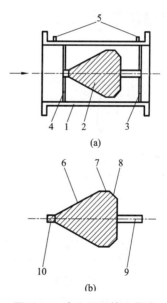

(a)

(b)

图 7-23　内文丘里管流量计

（a）结构示意图；（b）芯体结构

1—圆形测量管；2—文丘里型芯体；3，4—支撑环；5—取压孔；
6—前段圆锥；7—中段圆柱；8—后段圆锥台；9，10—支撑轴

　　圆缺孔板适用条件：管径 50 mm ≤ D ≤ 350 mm（特殊条件下可达 500 mm），直径比 0.35 ≤ β ≤ 0.75，雷诺数 $10^4 ≤ Re_D ≤ 10^6$。圆缺孔板主要用于测量含有固体微粒或气泡的脏污流体介质，圆缺开孔一般位于下方，但对于含气泡的液体，其开孔位于上方。

　　偏心孔板适用条件：管径 100 mm ≤ D ≤ 1000 mm，直径比 0.46 ≤ β ≤ 0.84，雷诺数 $10^4 ≤ Re_D ≤ 10^6$。

　　1/4 圆孔板（又称 1/4 圆喷嘴）与标准孔板的主要区别在于节流孔入口边缘形状，其上游入口边缘是以半径为 r 的 1/4 圆，其圆心在下游端面上，如图 7-20 所示，这种孔板结构简单，又具有喷嘴的一些优良性能，如不受磨蚀、腐蚀和孔板表面固体沉积物的影响，适用条件：管径 D ≥ 25 mm，直径比 0.245 ≤ β ≤ 0.6，雷诺数 500 ≤ Re_D ≤ $6×10^4$，孔径 d ≥ 15 mm。

　　V 形锥节流件可均匀流体分布，具有一定的"整流"作用，因此同其他类型的节流装置相比，对上下游直管段的要求小，安装时在上游留 0-3D 的直管段，在下游留 0-1D 的直段管即可。V 锥流量计适用管道内径范围大（15~3000 mm），压损较小（为孔板的 1/3~1/2），适用于任何流体介质，对那些容易结垢的脏污介质或气液两相流的流量测量也很实用，具有长期稳定性，一般无须重复标定。

　　内文丘里管是集经典文丘里管、环形孔板、耐磨孔板和锥形入口孔板的优点为一体的新一代异型文丘里管，其特性与使用性能优于标准孔板、喷嘴和经典文丘里管，适用于测量各种液体、气体和蒸汽，特别适用于测量各种煤气、非洁净天然气、高含湿气体以及其他各种脏污流体，大多可取代传统孔板、喷嘴、经典文丘里管的理想换代产品。

7.4　电磁流量计

7.4.1　测量原理

　　电磁流量计适用于稍具导电率流体的流量测量。当被测流体垂直于磁力线方向流动而切割磁力线时，如图 7-24 所示，根据法拉第电磁感应定律，在与流体流向和磁力线垂直方向上产生感应电势：

$$E_x = BDv \qquad (7-23)$$

式中：B 为磁感应强度；D 为导体在磁场内的长度，实际就是流量传感器的管径；v 为导体在磁场内切割磁力线的速度，即被测液体流过传感器的平均流速。

　　对于具体的流量计，其管径 D 是固定的，磁场强度 B 在有关参数确定后也是不变的，感应电势 E_x 的大小只决定于液体的平均流速，则液体体积流量与感应电势的关系为：

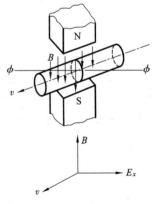

图 7-24　电磁流量计测量原理

$$q_v = \frac{\pi D}{4B} E_x = K E_x \qquad (7-24)$$

式中：$K = \pi D / (4B)$ 为仪表常数，决定于仪表几何尺寸及磁场强度。测量管上对称配置的电极引出感应电势, 经放大和转换处理后, 即可用测量仪表指示出流量值。

7.4.2　电磁流量传感器结构

电磁流量计主要有短管式和
插入式两种形式。管道式是电磁
流量计的经典形式, 由测量管、励
磁系统(励磁线圈、磁轭等)、电
极、内衬和外壳等组成, 结构如
图 7-25 所示。测量管由非导磁
的高阻材料制成, 如不锈钢、玻璃
钢或某些具有高阻率的铝合金,

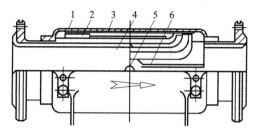

图 7-25　短管式电磁流量计结构

1—外壳; 2—励磁线图; 3—磁轭; 4—内衬; 5—电极; 6—绕组

这些材料可避免磁力线被测量管的管壁短路, 且涡流损耗较小。

为了防止测量导管被磨损或腐蚀, 常在管内壁衬上绝缘衬里, 衬里材料根据被测介质的
性质和工作温度而不同, 耐腐蚀性较好的材料有聚四氟乙烯、聚三氟氯乙烯、耐酸搪瓷等;
耐磨性能较好的材料有聚氨酯橡胶、氯丁橡胶和耐磨橡胶等。

电极用非导磁不锈钢制成, 或用铂、金或镀铂、镀金的不锈钢制成。电极的安装位置宜
在管道的水平对称方向, 以防止沉淀物堆积在电极上面而影响测量准确度。要求电极与导管
内衬齐平, 以便流体通过时不受阻碍。电极与测量管内壁必须绝缘, 以防止感应电势短路。

插入式电磁流量计传感器, 主要由励磁系统、电极等部分组成, 如图 7-26 所示。其测量
原理与上述管道式电磁流量传感器一样, 不同之处在于它结构小巧、安装简单, 并可以实现
不断流装卸流量传感器, 使用时只要通过管道上专门的小孔垂直插入管道内的中心线上或规
定的位置处即可, 特别适用于大管道的流量测量, 但测量精度通常低于管道式电磁流量计。

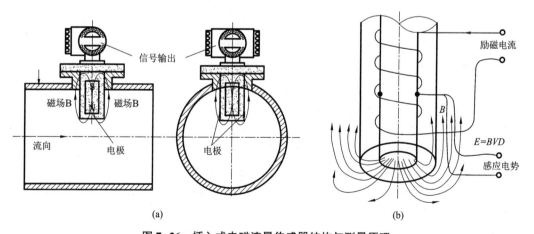

图 7-26　插入式电磁流量传感器结构与测量原理

(a)结构型式; (b)测量原理

为了提高测量准确度, 相关学者还研制出了均速管型的插入式电磁流量计, 探头插在直

径方向，贯穿管道直径，电极(多个)按等面积法布置在探头上。

7.4.3　电磁流量传感器的励磁与干扰

电磁流量计的励磁，原则上采用交流励磁或直流励磁都可以，几种常见的励磁方式如图 7-27 所示。直流励磁不会造成干扰，仪表性能稳定，工作可靠。但直流磁场在电极上产生直流电势，可能会引起被测液体电解，在电极上产生极化现象，从而破坏原来的测量条件。

图 7-27　几种励磁波形

(a)交流励磁；(b)矩形波(2 值)励磁；(c)矩形波(3 值)励磁；(d)双频矩形波励磁

早期工业电磁流量计用交流励磁，如图 7-27(a)所示。产生交流磁场的励磁线圈扎成卷并弯成马鞍形，夹持在测量管上下两边，同时在导管和线圈外边再放一个磁轭，以便得到较大的磁通量和在测量管中形成均匀的磁场。交流磁场的磁场强度 $B = B_m \sin\omega t$，当流体流动切割磁场时产生感应电势为：

$$E_x = B_m D\overline{v}\sin\omega t \qquad (7\text{-}25)$$

式中：B_m 为交流磁感应强度的最大值；ω 为交流磁场的角频率。

交流磁场虽然可以有效地消除极化现象，但也带来了新的问题。因传感器测量导管内充满的是导电液体，交变磁通穿过电极引线、被测液体和转换器的输入阻抗而构成闭合回路，在此回路内会产生干扰电势，即：

$$e_t = -k\frac{\mathrm{d}B}{\mathrm{d}t} = -k\omega B_m \sin\left(\omega t - \frac{\pi}{2}\right) \qquad (7\text{-}26)$$

可以看出，信号电势 E_x 与干扰电势 e_t 的频率相同，相位相差 90°，故称为 90°干扰或正交干扰。严重时 e_t 可与 E_x 相当，甚至大于 E_x。因此，消除正交干扰成为正常使用交流励磁的电磁流量计的关键。也正是由于这些问题，尽管交流磁场具有较大的信号电动势(约 1 mV 每 1 m/s)和较高的信噪比，但仍逐渐被低频矩形波激磁(0.2~0.3 mV 每 1 m/s)所取代。

低频方波励磁在 20 世纪 70 年代开始用于电磁流量计，兼具直流与交流励磁的优点，其励磁方式有矩形波 2 值励磁、矩形波 3 值励磁与双频矩形波励磁，电流波形分别如图 7-27 (b)、(c)、(d)所示，其频率通常为工频 50 Hz 的 1/4~1/10。由图可见，无论是 2 值励磁、3 值励磁或双矩形波励磁，在半个周期内，都相当于一个恒稳的直流磁场，具有直流励磁特性，即 $\mathrm{d}B/\mathrm{d}t = 0$，不存在交流电磁干扰；但从整个周期看，它又是一个交变信号。故低频方波励磁能避免交流磁场引起的正交干扰，消除分布电容引起的工频干扰，还能抑制交流磁场在管壁和流体内引起的电涡流，排除直流励磁的极化现象。

7.4.4 电磁流量转换器

将传感器输出的电势信号 E_x 经转换器信号处理和放大后转换为正比于流量的 4 ~ 20 mADC 电流信号或脉冲信号，输出至显示记录仪表，因励磁波形不同，电磁流量转换器的电路有多种形式。这里只简单介绍采用高低频矩形波励磁的电磁流量转换器。

转换器由微处理机与励磁电路、缓冲放大、A/D 转换与电源等组成，能自动完成励磁、高低频电势信号的采集、处理与转换。因高低频矩形波励磁与上述双频方波励磁不同，前者是在低频方波上叠加一个高于工频频率的矩形波，叠加后生成双频率波形。在微处理机与软件编程控制下，高、低两个磁场通过励磁施加于流体，感应产生不同频率的电势信号。高频励磁不受流体噪声的干扰，零点稳定性极好。在缓冲器内的高低频采样电路分别采集不同频率的两个分量信号，低频分量通过时间常数大的积分电路，获得零点稳定性好的平稳流速信号；高频分量则通过微分电路，能有效抑制流体(如浆液或流体导电率低)造成的低频噪声干扰；把这两个不同频率采样所得的信号综合起来，就可得到不受噪声干扰且零点稳定的实时流量信号。

转换器还具有多种功能：单量程、多量程、多通道设定、瞬时流量与累积流量运算、显示或流量控制、标准电流与脉冲输出、信号远传与通讯，以及各种报警检测、故障诊断等。因而测量精度高，性能稳定。

7.4.5 电磁流量计的使用

电磁流量计测量结果不受被测介质的温度、黏度、密度以及导电率(在 10^{-4} ~ 10^{-5} s/cm 范围内)的影响。测量导管内无可动部件，几乎没有压力损失，也不会发生堵塞现象，特别适用于矿浆、泥浆、纸浆、泥煤浆和污水等固液两相介质的流量测量。由于测量管及电极都衬有防腐材料，故也适用于各种酸、碱、盐溶液，以及任何带腐蚀性流体的流量测量。电磁流量计无机械惯性，反应灵敏，可以测量脉动流量。

电磁流量计适用范围宽，适用管径从几毫米到 3000 mm，插入式电磁流量计适应的管径可达 6000 mm，甚至更大；流速范围为 1 ~ 10 m/s，通常建议不超过 5 m/s；量程比一般为 (20∶1) ~ (50∶1)，高的可达 100∶1 或以上。测量精度为 ±0.5 ~ 2%。但是，电磁流量计要求被测介质必须具有导电性能，不适用于气体、蒸汽与石油制品等不导电流体的测量。

实际使用电磁流量计时，需注意以下问题：

①电磁流量计只能用于导电液体的测量，且液体的电导率不能低于其下限值，最好使被测流体的电导率高于仪表厂家规定的下限值一个数量级。

②电磁流量计口径不一定与管径相同，应视流量、流速而定。若介质常用流速大于 0.5 m/s，则流量计口径应与管径一致；若流速较低，无法满足流量计测量要求或该流速下测量精度无法满足要求(如要求最低流速应 ≥1 m/s)，则可以选择口径小于管径的流量计。

③电磁流量计安装时要求传感器的测量管内必须充满液体，并且不允许有气泡产生。垂直安装可以避免固液两相分布不均匀或液体内残留气体的分离，从而减少测量误差。

④电磁流量计应安装在足够长的直管段上，一般要求直管段长度大于 5 倍管径。

⑤电磁流量传感器的输出信号比较微弱，一般满量程只有几毫伏，流量很小时只有几微伏，故易受外界磁场的干扰。因此，传感器的外壳、屏蔽线及测量导管均应妥善地单独接地，不允许接在电机及变压器等的公共中线上或水管上。为了防止干扰，传感器及转换器应安装在远离大功率电气设备，如电机及变压器的地方。

7.5　超声波流量计

超声波流量计利用超声波在流体中的传播特性来测量流体的流速和流量，是一种非接触式流量测量仪表，主要由超声波发射和接收换能器、信号处理线路以及流量显示与积算系统等组成。超声波发射换能器发射出超声波并穿过被测流体，接收换能器收到超声波信号，经信号处理线路后得到代表流量的信号，送到流量显示与积算单元，从而测得流量。根据检测原理，超声波流量计可分为传播速度差法（包括时差法、相位差法和频差法）、波束偏移法、多普勒法、互相关法、空间滤法及噪声法等。本节只介绍传播速度差法与超声多普勒法。

7.5.1　传播速度差法

声波在流体中传播，顺流方向声波速度增大，而逆流方向速度减小，利用顺流、逆流传播速度之差与被测流体速度之间的关系获得流体流速（流量）的方法，称为传播速度差法。

如图 7-28 所示，假定流体速度为 v，超声波在静止流体中的传播速率为 c，则超声波顺流传播速度为 $c+v$，逆流传播速度为 $c-v$，发生器（T）与相应接收器（R）之间的距离为 L，则图中超声波的顺流和逆流传播时间分别为：

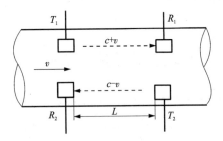

图 7-28　超声波在流体中的传播速度

$$t_1 = \frac{L}{c+v} \tag{7-27}$$

$$t_2 = \frac{L}{c-v} \tag{7-28}$$

二者的时间差为：

$$\Delta t = t_2 - t_1 = \frac{2Lv}{c^2 - v^2} \tag{7-29}$$

由上式可知，若已知 L 和 c，只要测得 Δt，即可求出流体速度，这种方法称为时差法，属于传播速度差法的一种。

由式（7-29）可以看出，声速对测量结果有很大影响，而声速又与流体温度等状态参数有关，因此，时差法的测量精度不高。为了消除声速变化对测量结果的影响，可以在发生器（T）与相应接收器（R）之间接入反馈放大器，它可以在 R 收到 T 发射的超声波信号放大后加到 T 上，T 再向 R 发射超声波，如此循环。在此条件下，顺流、逆流的声循环频率分别为：

$$f_1 = \frac{1}{t_1} = \frac{c+v}{L} \tag{7-30}$$

$$f_2 = \frac{1}{t_2} = \frac{c-v}{L} \tag{7-31}$$

频率差为：

$$\Delta f = f_2 - f_1 = \frac{2v}{L} \tag{7-32}$$

由上式可知，若已知 L，只要测得 Δf，即可求出流体速度，这种方法称为频差法（又称声循环法），也属于传播速度差法的一种。由于 Δf 很小，为了提高测量准确度，采用了倍频回路（倍率为数十倍到数百倍），然后，把倍频的脉冲数对应顺流与逆流方向进行加减运算求差值，然后经 D/A 转换并放大成标准电流信号（4~20 mADC），以便显示记录和累积流量。频差法消除了声速对测量结果的影响，具有更高的精度，目前的超声波流量计多用此种方法。

超声波流量计的一对发射器-接收器组合通常被称为一个声道，传播速度差法超声波流量计常用单声道、双声道，目前最多可用六声道。换能器的布置方式也有多种，单声道换能器布置有 Z 法（透过法）和 V 法（反射法），双声道有 X 法（2Z 法）、2V 法和平行法，如图 7-29 所示。

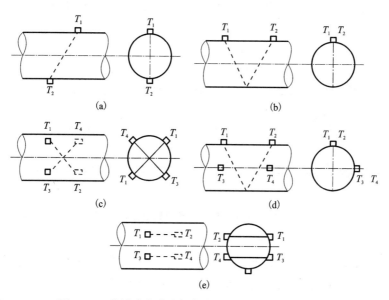

图 7-29　传播速度差法超声波流量计换能器布置类型
（a）Z 法（透过法）；（b）V 法（反射法）；（c）X 法（2Z 法）；（d）2V 法；（e）平行法

传播速度差法超声波流量计测得的流速是超声波传播路径上的平均流速，这与管道流通截面上的平均流速是不同的，因此，在计算流体流量时需对流速进行修正，即用下式计算流量：

$$q_v = \frac{\pi D^2}{4} \cdot \frac{v}{K} \tag{7-33}$$

式中：K 为速度分布修正系数，等于超声波传播路径上的平均流速与管道截面上的平均流速之比; D 为管道内径。

7.5.2 多普勒法

若流体中含有悬浮颗粒或气泡, 超声波将在流体中产生反射和散射现象, 传播速度差法超声波流量计将难以取得良好的测量效果, 在此条件下, 可采用多普勒法, 该方法的理论基础是多普勒效应。多普勒效应是为纪念奥地利物理学家及数学家克里斯琴·约翰·多普勒而命名的, 他于 1842 年首先提出了这一理论。该理论可简要描述为: 观测者与波源之间的相对运动可以影响观测者观测(或感受)到的波长或频率, 观察者向波源靠近, 波被压缩, 波长变短, 频率变高, 远离波源会产生相反的效应。因此, 可以根据波长(或频率)的变化量来确定观察者与波源相对运动的方向和大小。

多普勒超声波流量计的工作原理如图 7-30 所示, 发射换能器 T 与接收换能器 R 对称地装在与管道轴线夹角为 θ 的两侧, 且都迎着流向。当流体流动时根据多普勒效应, 由流体中的悬浮颗粒或气泡反射而来的超声频率 f_2 被 R 接收, 它比原发射频率 f_1 高, 其频差 Δf 为:

$$\Delta f = f_2 - f_1 = f_1 \frac{c + v\cos\theta}{c - v\cos\theta} - f_1 \approx \frac{2v\cos\theta}{c} f_1 \qquad (7-34)$$

由此可知, 在发射频率 f_1 恒定时, 频移与流速成正比。由于式(7-34)中包含受温度影响比较明显的声速 c, 为了提高测量精度, 应设法消除。

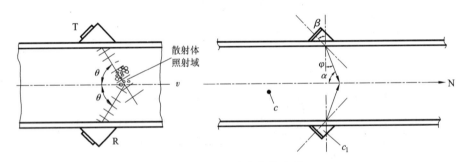

图 7-30 超声波多普勒法原理

一种常用的消除方法是将换能器安装在专门设计的塑料声楔内, 使超声波先通过声楔再进入流体。在声楔材料中, 声速为 c_s, 其入射角为 β, 声波射入流体的声速仍为 c, 入射角为 φ, 由折射定律可知:

$$\frac{c}{\sin\varphi} = \frac{c_s}{\sin\beta} \qquad (7-35)$$

由式(7-34)、式(7-4), 并考虑到 $\cos\theta = \sin\varphi$, 可得:

$$\Delta f = \frac{2v\sin\beta}{c_s} f_1 \qquad (7-36)$$

设管道内径为 D, 得体积流量为:

$$q_v = \frac{\pi D^2}{4} v = \frac{\pi D^2 c_s \Delta f}{8 f_1 \cos\alpha} \qquad (7-37)$$

上式不包含流体内声速 c，只有在声楔内的声速 c_s，它受温度的影响要小一个数量级，可以减小温度对流量测量的影响。

7.5.3　超声波流量计的使用

超声波流量计对介质无特别要求，可用来测量液体和气体甚至两相流体的流量，流体的导电性能、腐蚀性等指标对测量没有影响。它没有插入被测流体管道的部件，故没有压力损失，可以节约能源。测量精度几乎不受流体温度、压力、密度、黏度等的影响。超声波流量计测量范围大，量程比可达 $(40:1) \sim (200:1)$，适用于测量内径为 $20 \sim 5000$ mm 的管道流体流速与流量，并具有较高的测量精度（双声道相对误差可达 0.5%，五声道相对误差可达 0.15%）。

超声换能器可以在管外壁安装，故安装和检修时对流体流动和管道都毫无影响，特别适合于不能截断或打孔的已有管道的流量测量。超声波流量计的结构形式与造价与被测管道的直径关系不大，且直径越大，经济优势越显著。超声波流量计应尽可能远离阻力件，一般情况下，上游侧应有 $20D$ 的直管段，下游侧需要 $5D$ 的直管段。

7.6　转子流量计

7.6.1　工作原理

转子流量计也称浮子流量计，由一个向上略为扩大的均匀锥形管和管内的转子（浮子）构成，如图 7-31 所示。当流体自下而上流动时，转子会受到流体的作用力而上升，流体的流量愈大，转子上升得愈高。转子上升的高度就代表一定的流量，从而可从管壁上的流量刻度标尺直接读出流量数值。

转子在管内可视为一个节流件，能在锥形管与浮子之间形成一个环形通道，浮子升降就改变了环形通道的流通面积，从而测定流量，故又称为面积式流量计。它与流通面积固定，通过测量压差变化而测定流量的节流式流量计相比，结构简单得多。

设转子的最大截面积为 A_S，体积为 C_S，密度为 ρ_S；被测流体的密度为 ρ，转子与锥形管之间环形通道处的流速为 v，则转子在锥形管内因流体流

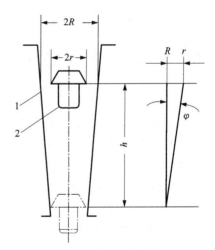

图 7-31　转子流量计原理
1—测量管；2—转子

动而受到的自下而上的冲击力为 $\rho A_S v^2 / 2$，转子在流体中受到的自上向下的力为 $C_S(\rho_S - \rho)g$，忽略压力损失，在平衡状态即转子稳定在一定高度时，则有：

$$\frac{\rho A_S v^2}{2} = C_S(\rho_S - \rho)g \tag{7-38}$$

由此可得：

$$v = \sqrt{\frac{2C_s(\rho_s - \rho)g}{A_S\rho}} \tag{7-39}$$

考虑到压力损失等因素，在转子稳定位置处，对应的体积流量为：

$$q_v = \alpha A_0 \sqrt{\frac{2C_s(\rho_s - \rho)g}{A_S\rho}} \tag{7-40}$$

式中：α 为流量系数，与锥形管的锥度、转子的形状和雷诺数等因素有关，由实验确定；A_0 为转子稳定位置处的环形通道面积，可表示为：

$$A_0 = \frac{\pi}{4}\left[(r + h\tan\varphi)^2 - r^2\right] = \frac{\pi}{4}h\tan\varphi(h\tan\varphi + 2r) \tag{7-41}$$

由于锥形管夹角 φ 很小，$h\tan\varphi \ll 2r$，因此：

$$q_v \approx \alpha\frac{\pi}{2}rh\tan\varphi\sqrt{\frac{2C_s(\rho_s - \rho)g}{A_S\rho}} \tag{7-42}$$

对一台具体的转子流量计，当被测流体的密度 ρ 已知时，式(7-42)中除 q_v 和 h 外的所有参数均为已知，上式可简化为 $q_v = f(h)$，并且 q_v 和 h 之间可近似视为线线关系，通常在锥形管壁上直接刻度流量标尺。

转子流量计的转子可以用不锈钢、铝、铜或塑料等制造，视被测流体的性质和量程的大小来选择。转子流量计有直接式和远传式两种，前者的锥形管用玻璃(或透明塑料)制成，流量标尺刻度在管壁上，就地读数，称为玻璃转子流量计；后者的锥形管用不锈钢制造，它将转子的位移转换成标准电流信号(4~20 mADC)或气压信号(0.02~0.1 MPa)，传递至仪表室显示记录，便于集中检测和自动控制。

7.6.2 转子流量计的使用

转子流量计可用来测量各种气体、液体和蒸汽的流量，适用于中、小流量范围，流量计口径从几毫米到几十毫米，流量范围从每小时几升到每小时几百立方米(液体)、几千立方米(气体)，准确度为±1~2.5%，量程比为10∶1。转子对沾污比较敏感，应定期清洗，不宜用来测量使转子沾污的介质的流量。

转子流量计必须垂直安装，不允许倾斜。对流量计前后的立管段要求不严，一般为各有约 $5D$ 长度的直管段就可以了。玻璃轮子流量计结构简单，价格便宜，观察直观，适于在就地指示和被测介质是透明的场合使用。玻璃锥形管由于容易破损，只适宜测量压力小于 0.5 MPa、温度低于120℃的液体或气体的流量。远传式转子流量计耐温耐压度较高，可内衬或喷涂耐腐材料，以适应各种酸碱溶液的测量要求，此外，对于某些低凝固点的介质，可选用具夹套外壳的转子流量计，夹套内充以低温或保温液体(或蒸汽)，以防介质蒸发或冷凝。

在进行刻度时，液体转子流量计是用常温水标定的，气体转子流量计则是用空气在 (293.15 K, 101.325 kPa)条件下进行标定的。实际使用时，被测介质的性质和工作状态(温度和压力)通常与标定时不同，因此，必须对流量计示值加以修正，以免产生测量误差。忽略其他参数变化的影响，只考虑流体密度差异，修正公式为：

$$q_v = q_{v0} \sqrt{\frac{(\rho_s - \rho)\rho_0}{(\rho_s - \rho_0)\rho}} \qquad (7-43)$$

式中：q_v 和 q_{v0} 分别为被测流体的实际流量和流量计示值；ρ 和 ρ_0 分别为被测流体密度和标定条件下流体(水或空气)的密度。

若转子的形状和几何尺寸严格保持不变，但改变转子材料，则可改变流量计的量程：转子密度增加，量程扩大；反之缩小。转子重量变化后，流量计示值应乘以修正系数，即：

$$K = \sqrt{\frac{\rho_s' - \rho}{\rho_s - \rho}} \qquad (7-44)$$

式中：ρ_s 和 ρ_s' 分别为转子本身重量改变前、后的密度；ρ 为被侧介质的密度。

7.7 涡街流量计

7.7.1 工作原理

流体在流动过程中，遇到障碍物必然会产生回流而形成旋涡。在流体中垂直插入一根圆柱体(或三角柱体、方柱体等)作为旋涡发生体，流体流过柱体，当流速高于一定值时，在柱体两侧就会产生两排交替出现的旋涡列，称为卡门涡街，简称涡街，如图 7-32 所示。

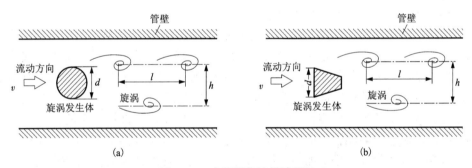

图 7-32 卡门涡街流量计原理
(a)圆柱形旋涡发生体；(b)三角柱旋涡发生体

研究发现，当涡列宽度 h 与旋涡间距 l 满足一定关系时(例如，对圆柱形旋涡发生体，当 $h/l = 0.281$ 时)，会形成稳定涡街。此时，旋涡的分离频率 f 为：

$$f = S_t(v_1/d) \qquad (7-45)$$

式中：v_1 为旋涡发生体两侧的流体速度；d 为旋涡发生体迎流面最大宽度；S_t 斯特劳尔数，与旋涡发生体形状以及雷诺数有关，在 $Re_D = 5 \times 10^2 \sim 15 \times 10^4$ 范围内，$S_t \approx$ 常数；对于圆柱体，$S_t = 0.21$，对于三角柱体，$S_t = 0.16$。

根据流动连续性方程，有：

$$A_1 v_1 = Av = q_v \qquad (7-46)$$

式中：A 和 A_1 分别为管道面积和旋涡发生体两侧的流通面积；v 为管道流体的平均流速。

显然，旋涡发生体、管道内径尺寸确定后，A 和 A_1 及其比值是确定的，令 $m=A_1/A$，则由式（7-45）、式（7-46）可得：

$$q_v = Am\frac{d}{S_t}f = f/K \tag{7-47}$$

式中：K 为涡街流量计仪表系数，是一个与流体物性（温度、压力、密度、成分等）无关，仅取决于旋涡发生体几何尺寸的参数。由式（7-47）可知，流量和旋涡发生频率在一定雷诺数范围内呈线性关系。

对于圆柱旋涡发生体，面积比 m 可按下式计算：

$$m = 1 - \frac{2}{\pi}\left(\frac{d}{D}\sqrt{1-\frac{d^2}{D^2}} + \arcsin\frac{d}{D}\right) \tag{7-48}$$

式中：D 为管道内径。当 $d/D<0.3$ 时，上式可近似为：

$$m = 1 - 1.25\frac{d}{D} \tag{7-49}$$

7.7.2　涡街频率的检测方法

旋涡发生频率的检测方法多种多样，总的来说可分为两大类：一类是检测旋涡引起的局部压力变化，可通过压电元件、应变片、膜片等压力检测元件实现；另一类是检测旋涡引起的局部流速变化，常用的热敏电阻法即属此类。旋涡发生体形状不同，所采用的检测方法往往也不一样。本节仅介绍电容法和热敏电阻法。

电容法通过检测旋涡发生体上的压力变化实现对旋涡频率的检测。运用电容法检测三角柱旋涡频率时，在三角柱的两侧面设置相同的弹性金属膜片，内充硅油。旋涡引起的压力波动，会使两膜片与柱体间构成的电容产生差动变化，原理与电容式压力计类似，但主要目的不在于获取精确的压力数据，而在于通过监测压力数据得到压力的变化频率。检测出的压力变化频率与旋涡产生的频率对应，因此，检测电容变化频率即可推算出流量。

热敏电阻法通过检测旋涡发生体上的流速变化实现对旋涡频率的检测。热敏电阻法用于三角柱体旋涡发生器的检测原理如图 7-33 所示，在三角柱的迎流面两侧对称地嵌入两个热敏电阻，热敏电阻与旋涡发生体之间是绝缘的。对热敏电阻通入恒定的电流，使其温度在流体静止条件下高出流体 10℃ 左右。在三角柱两侧未发生旋涡时，两支热电阻温度相同、阻值相同。当三角柱两侧交替发生旋涡时，在发生旋涡的一侧因旋涡耗损能量，流速低于另一侧，换热条件变差，故温度升高，阻值变小。用这两个热敏电阻作为电桥的相邻臂，电桥对角线上便输出一列与旋涡发生频率对应的电脉冲。

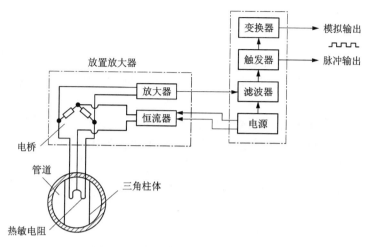

图 7-33 热敏电阻法旋涡频率检测

7.7.3 涡街流量计的使用

涡街流量计结构简单牢固，压力损失小，安装维护方便，适用流体种类多，如液体、气体、蒸气和部分混相流体均可使用。短管式涡街流量计管径范围为 25 mm～250 mm，插入式管径范围为 250～2000 mm。适用雷诺数范围为 $(2×10^4)$～$(7×10^6)$，适用介质温度为 $-40℃$～$+300℃$，适用介质压力范围为 0～2.5 MPa，适用介质流速为：空气 5～60 m/s，蒸汽 6～70 m/s，水 0.4～7 m/s。量程比可达 10：1，测量精度可达±1%（短管式）、±2.5%（插入式）。涡街流量计已经广泛应用在石油化工、冶金、机械、纺织、制药等工业领域，是一类发展迅速、前景广阔的流量计。

7.8 量热式流量计

量热式流量计，又称热式流量计，是通过测定流体与置入其中的加热元件之间的热量交换来测量流量的测量仪表。高于流体温度的加热元件与流体之间存在热交换，热交换的速率与流速（或流量）有关，加热元件被流体冷却，流体被加热元件加热。显然，加热元件的被冷却情况和流体的被加热情况均可反映二者间的热交换情况，相应地，这两种情况均可表征流体流速（或流量）。事实上，量热式流量计正是通过这两种途径实现流量（流速）测量的，其可以分成两类：一类是通过测量发热元件的被冷却程度来测量流量，通常称为热导式（又称热耗散式），这类流量计（流速计）有热线风速仪、插入式热式质量流量计；另一类是通过测定流体的被加热程度来测量流量，一般称为热量式（又称热分布式），托马斯流量计及边界层流量计等即属于此类。

7.8.1 热线风速仪

热线风速仪[5]，又称热丝风速仪，是利用通电的热线探头在流场中会产生热量损失的原理来进行风速测量的。如果流过热线的电流为 I，热线的电阻为 R，则热线产生的热量为：

$$Q^1 = I^2 R \qquad (7-50)$$

当热线探头置于流场中时，流体对热线有冷却作用。忽略热线的导热损失和辐射损失，可以认为热线是在强迫对流换热状态下工作的。根据牛顿公式，热线散失的热量为：

$$Q_2 = hA(t_w - t_f) \qquad (7-51)$$

式中：h 为热线与流体间的对流换热系数；A 为热线的换热表面积；t_w 为热线温度；t_f 为流体温度。

在热平衡条件下，$Q_1 = O_2$，因此：

$$I^2 R = hA(t_w - t_f) \qquad (7-52)$$

对于一定的热线探头和流体条件，对流换热系数 h 主要与流体的运动速度有关，因此，在流体温度 t_f 一定时，流体的速度可表示为电流和热线温度的函数：

$$v = f(I, t_w) \qquad (7-53)$$

因此，只要固定 I 和 t_w 两个参数中的一个，就可以获得流速 v 与另一参数的单值函数关系。若电流 I 固定，则 $v = f(t_w)$，可根据热线温度 t_w 来测量流速 v，此为恒流型热线风速仪的工作方式；若保持热线温度 t_w 为定值，则 $v = f(I)$，可根据流经热线的电流 I 来测量流速，此为恒温型热线风速仪的工作方式。无论采用哪种工作方式，都需要对流体实际温度 t_f 和偏离热线标定时的流体温度 t_0 进行修正。这种修正可通过适当的温度补偿电路自动实现。

恒温型热线风速仪常以热敏电阻作为热线探头，其传感器结构及测量线路如图 7-34 所示。热敏电阻 R_θ 接在电桥的一臂，当风速为 0 m/s 时，流经探头的电流将热敏电阻加热至一定温度，电桥处于平衡状态，桥路供电电压保持某一数值；当风速增高时，探头温度降低，热敏电阻阻值增大，桥路输出的不平衡电压经电压放大后驱动功率放大器，使桥路供电电压增大，流经热敏电阻的电流增大，从而补偿流体带走的热量，使电桥趋于新的平衡。风速越大，桥路的供电电压越高，因此，根据桥路供电电压即可测出相应的风速。

恒流型热线风速仪的热线可以使用热敏电阻做成，也可以使用铂丝等金属丝做成。以热敏电阻作为热线探头的恒流型热线风速仪通常仍使用如图 7-34 所示的测量电桥，但测量电路更为简单，只要电桥输入电压保持恒定，输出电压就可以表征风速。以铂丝作热线探头时，应在探头设置热电偶等测温元件。

热线风速仪的热线探针构造如图 7-35 所示，热线（即金属丝）焊到两根叉杆上，叉杆的另一端为插接杆，中间为连接线，连接线外力保护罩，保护罩内为绝缘填料。

通常选用钨丝或镀铂钨丝作为热线敏感元件。线径 d 一般为 4~5 μm，最细可达到 0.25 μm。线长 l 一般为 1.25 μm，最短可达 0.1 mm。钨丝强度好，熔点温度高达 3400℃，但容易氧化，因此只能用于 250℃ 以下。铂金丝易脆，抗拉强度仅为钨丝的 5.7%，但不易氧化。作为结合两种材料的镀铂钨丝，兼具抗拉强度高，抗氧化能力强的双重优点。这种丝的镀铂层仅占总质量的 5% 左右。

热线风速仪传感器体积小，对流场干扰小，频率响应高，适用范围广。不仅可用于气体

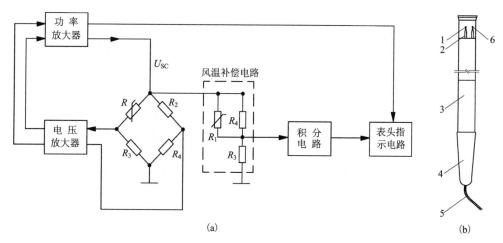

图 7-34 热敏电阻恒温型风速仪

(a)风速仪方框图;(b)风速仪测杆

1—风速测头(热敏电阻);2—铂丝引线;3—测杆;4—手柄;5—导线;6—风温补偿热敏电阻

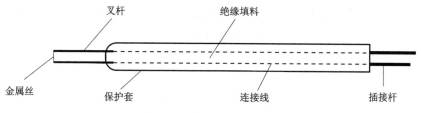

图 7-35 热线探针的结构

也可用于液体,在气体的亚声速、跨声速和超声速流动中均可使用;除可用于测量平均速度外,也可用于测量脉动值。而且测量精度高,重复性好。但是,由于热线风速仪的热线探针较细,容易断裂。

针对热线风速仪的热线探针容易断裂的问题,相关研究人员对风速仪也进行了一些改进。热膜风速仪、热球风速仪可视为对热线风速仪的一些改进形式,热膜风速仪、热球风速仪的工作原理和工作模式与热线风速仪完全相同,不同之处在于其传感器部分用薄膜和小球取代了细线。因此,热膜风速仪和热球风速仪的传感器比热线风速仪坚固得多,故很少发生断裂,受振动的影响很小。热膜和热球探针有比热线更稳定的几何形状.并且有较大的面积,所以它们很少受污染的影响,受了污染也容易清洗,因而具有长时间的校准稳定性。但是,热膜和热球探针的频率响应比热线要窄,测量流速脉动值方面劣于热线风速仪。

7.8.2 插入式热式质量流量计

插入式热式质量流量计结构如图 7-36 所示,传感器的核心部件是两个电阻温度系数、阻值与结构都完全相同的热电阻,热电阻固定在插入支架上,其中一支是热电阻通电,通电热电阻中为质量流量传感器,另一支是测量气体温度变化的温度传感器。插入式热式质量流量计可分为恒流型和恒温型两类,工作原理与热线风速仪相似。

恒流型热式质量流量传感器是在质量流量传感器中通入恒定的电流，显然，当流体静止时，流量传感器热电阻温度最高（散热条件最差），两支热电阻温差最大，流体质量流量越大（速度越大），两支热电偶的温差越小。流体的质量流量可表示为两支热电阻温度或温差的单值函数，即：

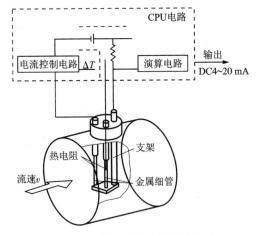

图 7-36　插入式热式质量流量计

$$q_m = f(t_w, t_f) \text{ 或 } q_m = f(t_w - t_f) \quad (7-54)$$

式中：t_w 和 t_f 分别为流量传感器热电阻和流体温度传感器热电阻的温度。

恒温型热式质量流量传感器是在质量流量传感器中通入可变的电流，维持其温度恒定的仪器。在此条件下，对于特定流体，流体质量流量可表示为加热电流 I 和流体温度的单值函数，即：

$$q_m = f(I, t_f) \quad (7-55)$$

质量流量与传感器数据之间的定量关系需经标定得出，由生产厂提供。被测气体没有腐蚀性，也不含微粒杂质，电加热丝及测温用的热电阻丝可直接与被测气体接触，则时间常数小，响应较快。如气体有腐蚀性或有微粒杂质含量，则应加导热管隔离，时间常数增大，响应时间要长得多。

插入式热式质量流量计对上下游直管段的长度有一定要求，一般要求上游直管段为 $8 \sim 10D$，下游直管段为 $3 \sim 5D$。插入式热式质量流量计主要用于测量空气、氮气、氢气、氟气、甲烷、煤气、天然气、烟道气等气体质量流量，流速范围一般为 $0 \sim 90 \ m/s$，工作温度 $-40 \sim +200℃$（特殊 $500℃$），工作压力 $\leqslant 1 \ MPa$，管径 $200 \sim 2000 \ mm$，准确度 $\pm 1\%$。

7.8.4　热量式质量流量计

热量式流量计，又称热分布式流量计，是通过测定流体的被加热程度来测量流体流量的。图 7-37 展示了一种内热式的热量式流量计结构，管道中间设置有电加热丝，其上下游等距设置两个测温元件，这种形式的流量计也被称为托马斯流量计。

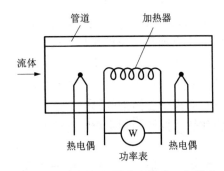

图 7-37　内热式热量式流量计工作原理

当管道内流体静止时，两个测温元件的测量结果相等，且均高于远处流体（指管道内远离加热丝的流体）温度。流体流动时，上游温度将下降，下游温度将升高，当传热体系平衡时，上下游流体温差以及流体质量流量之间满足如下关系：

$$q_m = \frac{P}{c_f \Delta t} \quad (7-56)$$

式中：P 为加热丝的加热功率；c_f 为流体的比定压热容；Δt 为上下游流体温差。

由式（7-56）可知，当 c_f 为常数时，流体质量流量与 P 成正比，与 Δt 成反比。相应地，有两种途径可以获取流体的质量流量：一是恒功率法，即固定 P 测量 Δt；一是恒温差法，即固定 Δt 测量 P。

由于 c_f 与被测介质的成分、温度和压力有关，当被测介质与仪表标定时的比定压热容 c_{f0} 不同时，可以通过如下换算对测量结果进行修正：

$$q_m' = q_m \frac{c_{f0}}{c_f} \tag{7-57}$$

式中：q_m' 为流体实际流量（修正后的测量结果）；q_m 为仪表的测量结果；c_f 和 c_{f0} 分别为被测介质和标定介质的比定压热容。

内热式热量式流量计动态性能较好，但是由于电加热丝和感温元件都直接与被测流体接触，容易被流体脏污和腐蚀，灵敏度和使用寿命也会因此受到影响。热量式流量计除了内热式之外，还有外热式，其电加热丝和感温元件布置于管道外，不与被测流体接触，因此也被称为非接触式热量式流量计。外热式热量式流量计基本结构如右图 7-38 所示。

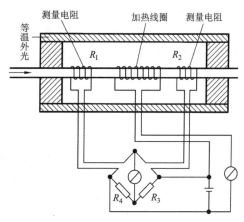

图 7-38　外热式热量式流量计工作原理

热量式质量流量计主要用于测量组分稳定、比热容相对较小的气体流量，也可用于测量流量较小的液体介质。若介质组分不稳定，则比热容将难以准确测定，也无法得到准确的测量结果；比热容太大的介质，上下游温差将非常小（而且流量越大，温差越小），因此，对于比热容较大的液体介质，热量式质量流量计通常只能测量较小的流量。

7.9　容积式流量计

容积式流量计又称为定排量流量计，其测量主体为具有固定标准容积的计量室，容积是在仪表壳体与旋转体之间形成的。当流体经过仪表时，利用仪表入口和出口之间产生的压力差，可以推动旋转体转动，将流体从计量室中一份一份地推送出去。所推送出的流体流量为：

$$q_v = nV_0 \tag{7-58}$$

式中：n 为旋转体转动的频率；V_0 为旋转体旋转一周推送的流体体积。

计量室的容积是已知的，因此只要测出旋转体的转动频率和旋转次数，即可求出流体的瞬时流量和累计流量。按旋转体及计量室的形状特征，容积式流量计可分为椭圆齿轮流量计、腰轮流量计、刮板流量计、旋转活塞流量计、往复活塞流量计、圆盘流量计、湿式气量计和膜式气量计等。相对于速度式流量计，容积式流量计通常具有更高的精度，因此，常被用作标准流量计测量较为贵重的流体介质。容积式流量计的种类较多，按旋转体结构的不同可分为转轮式、转盘式、活塞式、刮板式和皮囊式流量计等。

7.9.1　椭圆齿轮流量计

椭圆齿轮流量计壳体内装有一对互相啮合的椭圆齿轮 A 和 B，在流体入口与出口的差压 (p_1-p_2) 作用下，推动两个齿轮反方向旋转，不断地将充满半月形固定容积（齿轮与盖板围成的空间）的流体推出去，其转动与充液排液过程的示意图如图 7-39 所示。在图 7-39（a）所示位置，齿轮 A 的旋转角 $\theta=0°$，此时，齿轮 B 在进出口差压作用下顺时针旋转并作为主动轮带动齿轮 A 逆时针旋转，齿轮 B 侧半月形计量室中的流体开始被推送到出口，齿轮 A 侧计量室正在形成（流体正在填充 A 侧计量室）；在图 7-39（b）所示位置，齿轮 A 的旋转角 $\theta=45°$，此时，齿轮 B 侧半月形计量室中的流体部分被推送到出口，齿轮 A、B 继续旋转；在图 7-39（c）所示位置，齿轮 A 的旋转角 $\theta=90°$，此时，齿轮 B 侧半月形计量室中的流体全部被推送到出口，齿轮 A 在进出口差压作用下逆时针旋转并作为主动轮带动齿轮 B 顺时针旋转，齿轮 A 侧计量室被充满并开始向出口推送流体。显然，齿轮 A 每旋转一周（即 360°），就有四个半月形容积的流体流经流量计，因此，根据齿轮的转动频率可计算出流体流量。

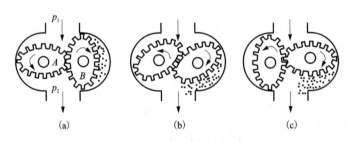

图 7-39　椭圆齿轮流量计

(a)$\theta=0°$；(b)$\theta=45°$；(c)$\theta=90°$

椭圆齿轮流量计测量准确度较高，仪表测量精度可达 ±0.2~0.5%。适用于石油及各种燃料油的流量计量，因为测量元件时齿轮的啮合转动，必须清洁被测介质。

7.9.2　腰轮流量计

腰轮流量计如图 7-40 所示，与椭圆齿轮流量计相比，其主要不同在于，旋转体换成了无齿的腰轮，两只腰轮是靠其伸出表壳外的轴上的齿轮相互啮合的。其工作原理与椭圆齿轮流量计相似，当液体通过时，两个腰轮向相反方向旋转，每转一周也推出四个半月形计量室的流体。

腰轮没有齿，不易被流体中的尘灰夹杂卡死，同时，腰轮的磨损也较椭圆齿轮轻一些，因此使用寿命较长，准确度较高，可作标准表使用。腰轮流量计还可用来测量气体的流量（大流量）。转轮式流量计的准确度一般为 0.5%，有的可达 0.2%；工作温度一般在 -10~+80℃，工作压力为 1.6 MPa，压力损失较椭圆齿轮流量计小，适用于液体的动力黏度范围为 0.6~500 mPa·s。

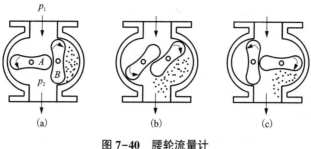

图 7-40　腰轮流量计

(a)$\theta=0°$；(b)$\theta=45°$；(c)$\theta=90°$

7.9.3　膜式气体流量计

膜式气体流量计结构及工作原理如图 7-41 所示，流量计整体上看是一刚性容器，内部被柔性薄膜分隔形成 4 个计量室，薄膜与一组滑阀联动。气体由入口进入，通过滑阀的换向依次进入这 4 个气室，从出口排出。薄膜往复运动一次就将排出一定体积的气体，通过传动机构和计数机构测得其次数，即可测得所通过气体的体积。

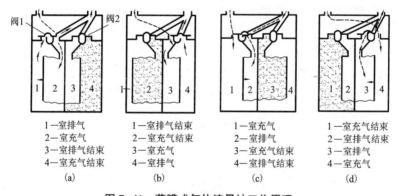

图 7-41　薄膜式气体流量计工作原理

膜式气体流量计测量范围宽(量程比 100∶1)，测量准确度一般为±(2%～3%)，主要用于煤气、天然气和石油气等燃气消耗的总量计量，是家用煤气表的主要品种，亦广泛应用于食堂、宾馆以及工业企业煤气耗量的计量。

7.9.4　容积式流量计的选用

容积式流量计的主要特点是测量准确度高，可达±0.2%R，甚至更高，因此通常采用高品质的容积式流量计作为标准流量计。被测介质的黏度、温度及密度等的变化对测量准确度影响小，测量过程与雷诺数无关，尤其适用于高黏度流体的流量测量(因泄漏误差随黏度增大而减小)。流量计的量程比较宽，量程比普遍在 10∶1 以上。安装仪表的直管段长度要求不严格。缺点是结构较复杂,流量计中的运动部件易磨损,需要定期维护,对于大口径管道的流量测量,流量计的体积大而笨重,维护不够方便,成本也较高。

在选用时应注意如下问题:

①选择这种流量计时,不能简单地按连接管道的直径大小去确定仪表规格;而应注意实际应用时的测量范围,保持在所选仪表的量程范围以内。

②为了避免液体中的固体颗粒进入流量计,磨损运动部件,在应流量计前装配筛网过滤器,并注意定期清洗和更换过滤网。

③如被测液体含有气体或可能析出气体,则应在流量计前方应装气液分离器,以免气体进入流量计形成气泡,从而影响测量准确度。

④在精密测量中应考虑被测介质的温度变化对流量测量的影响,过去都采用人工修正,现在已有温度与压力自动补偿并自动显示记录的容积流量计。

7.10　其他流速及流量测量仪表

流速及流量的测量仪表种类很多,除前面几节介绍的几类之外,还有很多,限于篇幅,不可能一一介绍,本节仅对其他几类常用测量仪表予以简要介绍。

7.10.1　科里奥利质量流量计

科里奥利质量流量计是一种直接而精密的新型流量测量仪表,其传感器元件有双 U 形、双 S 形、双 W 形、双 K 形、双螺旋形、单管多环形、单 J 形、单直管形以及双直管形等多种形式,可以直接测量流体的质量流量。双 U 型科里奥利流量传感器的基本结构如图 7-42 所示,两根 U 形管在驱动线圈的作用下,以一定频率振动。

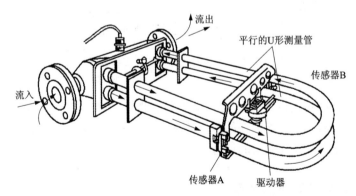

图 7-42　科里奥利质量流量计结构原理图

由理论力学可知,当质量为 m 的物体在旋转参考系中以速度 u 运动时,将受到科里奥利力的作用,其值为:

$$F_c = -2m\omega \times u \qquad (7-59)$$

式中：F_c 为科里奥利力，通常简称科氏力；u 为物体的运动矢量；ω 为旋转参考系的旋转角速度矢量。

对科里奥利质量流量计而言，上下振荡 U 形管相当于一个旋转角速度以正弦规律变化的旋转参考体系。当流体流过 U 形管时，将受到科里奥利力的作用，相应地，管道也会受到流体的科里奥利力的作用。

如果 U 形管在结构上是对称的，则两侧直管段上流体的流动方向相反、速度大小相同，因此，对管道产生的科里奥利力方向相反，管道在科里奥利力的作用下将产生变形，如图 7-43 所示。因此，当管道内流体流动时，U 形管两侧直管段的振动将不再同步，显然，流体流量越大，U 形管的扭曲程度越大，两侧直管段的振动相位(时间)差也越大。

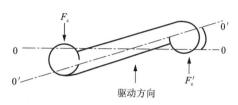

图 7-43 科里奥利力引起的 U 形管扭曲

由力学理论可以证明：

$$q_m = \frac{K_s}{8r^2}\Delta t \tag{7-60}$$

式中：K_s 为 U 形管的扭转弹性模量；r 为 U 形管两侧直管段之间距离的一半；Δt 为 U 形管直管段向上通过中心位置 O-O 的时间间隔。

因此，只要在振动中心 O-O 上装两个光电(或磁电)探测器，测出 Δt，就可以由上式(7-60)求得流体的质量流量。

科氏质量流量计适用于密度较大或黏度较高的各种流体、含有固体物的浆液和含有微量气体的液体，以及有足够密度的高压气体(否则不够灵敏)。由于测量管振幅小，可视为非可动部件，测量管内无阻流和活动部件，无上下游直管段的安装要求。与其他流量计相比，流体密度、黏度、温度、压力等的变化对测量结果影响不大，测量精度较高，可达±0.02%，量程比宽，可达 100：1。

这种流量计的缺点是对振动较为敏感，故对传感器的抗扰防震要求较高，运行中会由于二根测量管的平衡破坏而引起零点漂移；不适用于低密度介质和低压气体。而且不适于大管道，目前局限于直径 150 mm(或 200 mm)以下，测量管内壁的磨损、腐蚀和结垢，对测量精度影响较大。

为了使科里奥利质量流量计能正常、安全和高性能地工作，正确的安装和使用是非常重要的。流量传感器应安装在一个坚固的基础上，保证使用时流量传感器内不会存积气体或液体残值，对于弯管型流量计，测量液体时，弯管应朝下，测量气体时，弯管应朝上。测量浆液或排放液时，应将传感器安装在垂直管道，流向由下而上。对于直管型流量计，水平安装时应避免安装在最高点上，以免气团存积。连接传感器和工艺管道时，一定要做到无应力安装。使用过程中应定期进行全面检查与维护。

7.10.2 激光多普勒测速仪

激光多普勒测速技术(LDV：Laser Doppler Velocimetry)利用激光的多普勒效应获得速度信息，如图 7-44 所示，静止的激光光源发射的激光照射到随流体运动的粒子上时，会被粒子散射。此时，光源发出的光频率、粒子所接收到的光频率以及接收器接收到的散射光频率是不同的。

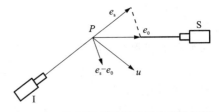

图7-44　粒子发出散射光的多普勒频移
I—光源；S—光接收器

光接收器接收到的散射光频率 f_s 与静止光源发出的光频率 f_0 之差，被称为多普勒频移。多普勒频移 f_D 的大小与粒子运动速度成正比，即：

$$f_D = f_s - f_0 = f_0 \frac{c - u \cdot e_0}{c - u \cdot e_s} - f_0 = f_0 \frac{u \cdot (e_s - e_0)}{c - u \cdot e_s}$$

$$(7-61)$$

式中：c 为光速；e_s 为粒子散射光相对于接收器方向的单位向量；e_0 为粒子到光接收器的方向的单位向量；u 为粒子的速度矢量。因为 $c \gg u \cdot e_s$，故：

$$f_D = f_0 \frac{u \cdot (e_s - e_0)}{c} = f_0 \frac{v \cos \alpha}{c} \qquad (7-62)$$

式中：v 为粒子速度。由上式(7-62)可知，当光源、运动粒子和光接收器三者之间的相对位置固定时，就可以根据所检测的多普勒频移确定粒子速度。

由于光的频率太高，迄今无法直接测量，激光多普勒测速仪通常采用光混频技术获取多普勒频移。设一束散射光与另一束参考光(可以是光源发出的激光，也可以是不同方向的散射光)的频率分别为 f_1、f_{s2}，则它们到达光探测器阴极表面的电场强度分别为：

$$E_1 = E_{01} \cos(2\pi f_1 t + \varphi_1) \qquad (7-63)$$

$$E_2 = E_{02} \cos(2\pi f_2 t + \varphi_2) \qquad (7-64)$$

式中：E_{01} 和 E_{02} 分别为两束光在光阴极表面处的振幅；φ_1 和 φ_2 分别为两束光波的初始相位。两束光在探测器阴极表面混频，合成的电场强度为：

$$E = E_1 + E_2 \qquad (7-65)$$

光强度与光的电场强度的平方成正比，因此：

$$I(t) = k(E_1 + E_2)^2 \qquad (7-66)$$

将式(7-63)、式(7-64)代入上式，可得：

$$I(t) = \frac{1}{2} k(E_{01}^2 + E_{02}^2) + k E_{01} E_{02} \cos(2\pi(f_1 - f_2)t + (\varphi_1 - \varphi_2)) \qquad (7-67)$$

上式(7-67)等号右侧第一、三项为固定常数，可用电路滤除；第二项是交流分量，其频率正是我们希望得到的多普勒频移。

激光多普勒测速仪的光学系统有参考光束、单光束和双光束三种模式。如图7-45所示，为应用较广泛的双光束-双散射模式光路系统，光源发出的激光被分光镜和反射镜分为两束相同的光束，经透镜聚焦于测量点。流经测点的微粒接收来自两个方向、频率和强度都相同的入射光的照射后，会发出两束具有不同频率的散射光，在微粒到光接收器的方向上，两束不同频率的散射光会经光栏、透镜汇聚到光接收器上。光接收器将光信号转变为电信号，传输给信号处理器，信号处理器根据前述相关公式计算出粒子速度。

激光多普勒测速仪具有线性特性与非接触测量的优点，精度高，动态响应快。对于小尺寸流道的流速测量和困难环境条件下(如低速、高温、高速等)的流速测量，更能显示出它的价值与优势。

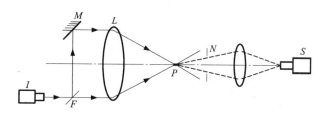

图 7-45　双光束-双散射模式光路系统

I—光源；*S*—光接收器；*M*—反射镜；*F*—分光镜；*L*—透镜；*N*—光栏

激光多普勒流速测量实际上是测量悬浮在流体中跟随流体一起运动的微粒的速度，所以，有时为了正确地测量，需要在体中散播跟随性良好、散射能力较强的散射粒子，这给测量工作带来了一定麻烦。利用这种仪器测量速度场，必须在被测设备上设置透光窗，并且光线不可能有效到达任何位置，加上仪器价格昂贵，导致其在流速测量应用上受到了一定限制。

7.10.3　粒子图像测速仪

粒子图像测速技术(PIV：Particle Image Velocimetry)，又称成像测速技术，是一种通过多次摄像来记录流场中粒子的位置，并对摄得的图像进行分析处理，从而获得流体运动速度的技术。粒子图像测速技术是七十年代末发展起来的一种瞬态、多点、无接触式的流体力学测速方法，近几十年来得到了不断完善与发展，PIV 技术的特点是超出了单点测速技术(如 LDV)的局限性，能在同一瞬态记录下大量空间点上的速度分布信息，并可提供丰富的流场空间结构以及流动特性。PIV 技术除向流场散布示踪粒子外，所有测量装置并不介入流场。另外，PIV 技术还具有较高的测量精度。由于 PIV 技术的上述优点，其已成为当今流体力学测量研究中的热门课题，日益得到重视。

粒子图像测速仪(或称 PIV 系统)的工作原理如图 7-46 所示，就是在流场中撒入示踪粒子，以粒子速度代表其所在流场内相应位置处流体的运动速度。应用强光片形光束照射流场中的一个测试平面，用成像的方法记录下 2 次或多次曝光的粒子位置，用图像分析技术得到各点粒子的位移，由此位移和曝光的时间间隔便可得到流场中各点的流速矢量，并计算出其他运动参量(包括流场速度矢量、速度分量、流线等)。

PIV 按其成像介质可分为基于模拟介质的 GPIV 和基于 CCD 的 DPIV。GPIV 是用照相采集的方法将序列图像记录在胶片或录像带上的方式，优点是分辨率高，可以观测较大的视场，图像捕获速度快，可以测量高速流场。但是，由于其成像后的处理时间长，无法在线应用成为其不可克服的缺陷。DPIV 用数字方法来记录图像，不需再做胶片的湿处理，后续所有的分析都由计算机在线处理，已成为 PIV 的发展主流。

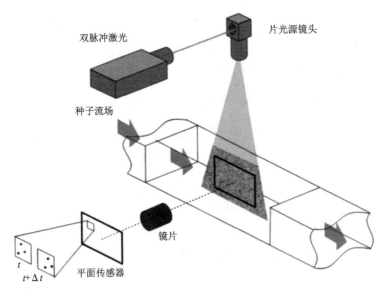

双脉冲激光

片光源镜头

种子流场

镜片

平面传感器

t

$t + \Delta t$

图 7-46 粒子图像测速仪工作原理

思考题与习题

1. 何谓流量、平均流量和总流量？它们之间是什么关系？

2. 流量测量方法有哪些？

3. 常用的流体流速测量方法有哪些？工作原理分别是什么？

4. 冷水表的流量低区、流量高区分别指什么？

5. 涡轮流量计如何实现磁/电转换？它适用于哪些介质的流量测量？

6. 什么叫差压式流量计？有哪些种类？测量原理分别是什么？

7. 何谓标准节流装置？标准节流装置有哪几种？取压方式有几种？各有何不同？

8. 如何利用复合测压管确定流体的流动方向？

9. 一套标准孔板流量计测量空气流量，设计时空气温度为27℃，表压力为6.665 kPa；使用时空气温度为47℃，表压力为26.66 kPa。试问仪表指示的空气流量相对于空气实际流量的误差是多少？如何进行修正或补偿？

10. 常用于流量测量的非标准节流装置有哪些？各有何特点？适用于哪些场合？

11. 均速管与威尔巴流量计的测量原理是什么？各有何特点？

12. 电磁流量计是根据什么原理工作的？比较说明不同励磁波电磁流量计的特点。

13. 传播速度差法超声波流量计是根据什么原理测量流量的？它有什么特点？

14. 多普勒超声波流量计是根据什么原理测量流量的？

15. 转子流量计是如何工作的？

16. 有一在标准状态(293.15 K，101.325 kPa)下用空气标定的转子流量计，现用来测量氮气流量，氮气的表压力为31.992 kPa，温度为40℃，在标准状态下，空气与氮气的密度分别为 1.205 kg/m³ 和 1.165 kg/m³。试问当流量计指示值为 10 m³/h 时，氮气的实际流量是多少。

17. 已知被测液体的实际流量 $Q = 500$ L/h，密度 $\rho = 0.8$ g/cm³。为了测量这种介质的流量，试选一台适合测量范围的转子流量计(设浮子材料为不锈钢，密度 $\rho = 7.9$ g/cm³，标定条件下水的密度为 0.998 g/cm³)。

18. 涡街流量计有何特点? 旋涡分离频率用什么方法检测?

19. 量热式流量计有哪些种类? 测量原理分别是什么?

20. 什么是容积式流量计? 椭圆齿轮流量计是根据什么原理测量流量的? 它与腰轮流量计相比有何异同?

21. 科里奥利质量流量计是根据什么原理工作的? 为何它能直接测定质量流量?

22. 激光多普勒与超声波多普勒用于测量流体流速时，工作原理有何异同?

23. 粒子图像测速仪的测量原理是什么? 适用于什么情况?

第 8 章 热量测量技术

热量传递是自然界中极为普遍的一种物理现象，物体内部或者不同物体之间，只要有温差的存在，热量就会通过传导、对流或辐射的方式自发地由高温处向低温处传递。单位时间内通过给定表面的热量通常被称为热流，又称为热流量。相应地，单位时间内通过单位面积的热量被称为热流密度。热量测量通常包括对热流密度、热流以及累计热量的测量，相应的测量仪表统称为热量计或热流计。热流计有多种形式，如测量传导热流的热阻式热流计、测量辐射热流的辐射式热流计以及测量流体输送热流量的热量计。显然，热量测量对于建筑物及其他系统的节能分析与优化工作具有重要意义。

8.1 热阻式热流计

8.1.1 热阻式热流计的工作原理

热阻式热流计是应用最广泛的接触式热流传感器，最早出现于 1914 年。当时德国的 Henky 教授用 10 cm 厚的软木板覆盖地板，并测出软木板上下两面的温度差和软木板的导热系数，从而计算出了热流密度。

热阻式热流计由热流传感器、连接导线和显示仪表构成。热流传感器的工作原理图如图 8-1 所示。当有热流通过平板状的热流传感器时，在传感器热阻层上会产生温度梯度，根据傅立叶定律，可知：

$$q = -\lambda \frac{\partial t}{\partial x} \qquad (8-1)$$

式中：q 为热流密度；λ 为传感器热阻层材料的导热系数；t 为温度；x 为传热方向上的距离。

若热阻材料两表面为两个平行等温面，则：

$$q = -\lambda \frac{\Delta t}{\delta} \qquad (8-2)$$

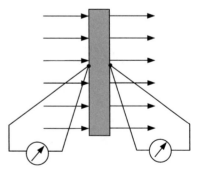

图 8-1 热阻式热流计工作原理图

若热阻层的厚度 δ、导热系数 λ 已知，则只需测量两表面温差 Δt 就可以得到热流密度。表面温差通常用热电偶或热电堆测量，若所用热电偶或热电堆在被测温度变化范围内的热电特性为线性，即其输出电势与温差成正比（$E = C\Delta t$），则通过热阻层的热流密度为：

$$q = -\frac{\lambda E}{C\delta} = K_r E \qquad (8-3)$$

式中：K_r 为热流传感器的分辨率，也称热流传感器系数。

热流传感器系数 K_r 是热阻式热流计的重要性能参数，其数值的大小反映了热流传感器的灵敏程度。K_r 数值越小，则热流传感器越灵敏，其倒数称为热流传感器的灵敏度 K_s（$K_s = 1/K_r$）。显然，热流传感器的热阻 δ/λ 越高，其灵敏度就越高，有利于提高测量精度和测量小热流密度。但是，高热阻型热流传感器的热惯性较大，这就使得热流传感器的反应时间增加，动态性能下降。

热流传感器的种类很多，常用的有用于测量平面壁面的板式（WYP 型）和用于测量管道的可挠性（WYR 型）两种。平板热流传感器如图 8-2 所示，通常由若干片 100 mm×10 mm 的热电堆片镶嵌于一块 130 mm×130 mm 的骨架中制成，热流计基板通常厚约 1 mm，材料通常为环氧树脂玻璃纤维或一些半导体材料。

热电堆片是由很多对热电偶串联绕在基板上组成的，如图 8-3 所示。根据热电偶原理，热电堆的总热电势等于各热电偶热电势之和。因此，即使基板两面温差较小，单个热电偶产生的热电势很小，但热电堆仍能产生较大的电势，有利于显示热流量的数值，并达到一定的精度。

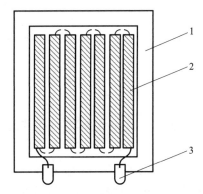

图 8-2 平板热流传感器的结构图
1—骨架；2—热电堆片；3—引线柱

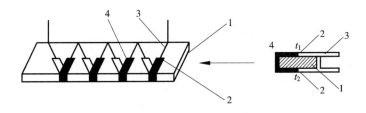

图 8-3 热电堆片示意图
1—芯板；2—热电偶接点；3—热电极材料 A；4—热电极材料 B

热阻材料两表面的温差还可以使用热电阻测量，相应的热流计通常称为热电阻式热流计，它是在热阻层两边贴上薄膜热电阻或热敏电阻制成的。将电阻作为惠斯登电桥两桥臂，利用不平衡电桥线路的输出电压来测量热流密度，其工作原理如图 8-4 所示。热电阻式热流计仅需很小的温度梯度便可产生较大的信号，用于测量低温气体产生的较小的对流传热或者其他小热流密度传热较为理想。

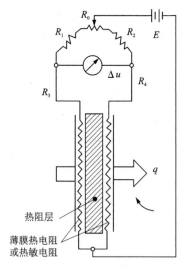

图 8-4　热电阻式热流计

8.1.2　热阻式热流计的误差分析

影响热阻式热流计测量精度的因素有很多，例如热流计热阻材料的导热性能、热流计几何尺寸与结构、热流计与被测物体粘贴紧密程度等。此外，对流、辐射的变化也会影响热流测试的准确度。

热流传感器在使用时，通常需粘贴在被测物体表面或者嵌入被测物体的内部（如图 8-5 所示）。

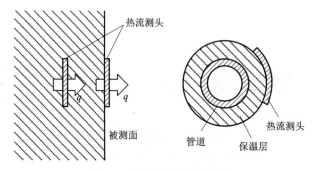

图 8-5　热流传感器的安装

（a）测平面；（b）测管道

热流计的物性参数、被测物体存在的偏差及热流计自有的结构尺寸均会破坏被测物体原有的热场和传热情况，引起测量误差。由于其为复杂的三维传热问题，为方便分析，假设采用稳态式热流计，传感器选用导热系数与被测材料相近的材料，使传感器边长远远大于厚度，则该问题可近似简化为一维稳态传热问题。

在没有热流计传感器(如图 8-6(a)所示)条件下，则：

$$q = \frac{\Delta t}{\frac{1}{h_1}+\frac{\delta}{\lambda}+\frac{1}{h_2}} \tag{8-4}$$

当热流计采用粘贴式安装(如图 8-6(b)所示)时，有：

$$q = \frac{\Delta t}{\frac{1}{h_1}+\frac{\delta}{\lambda}+\frac{\delta'}{\lambda'}+R+\frac{1}{h_2}} \tag{8-5}$$

当热流计采用嵌入式安装(如图 8-6(c)所示)时，有：

$$q = \frac{\Delta t}{\frac{1}{h_1}+\frac{\delta-\delta'}{\lambda}+\frac{\delta'}{\lambda'}+\frac{1}{h_2}} \tag{8-6}$$

式中：h_1、h_2 分别为待测物体两侧的对流换热系数、δ、δ' 分别为待测物体与传感器的厚度；λ、λ' 分别为待测物体与传感器的导热系数；R 为接触热阻，为减少接触热阻，对于表面粘贴方式，应通过加压、涂抹导热胶、用永磁体吸附金属壁面等方式尽量保证热流计紧密贴合被测物体。

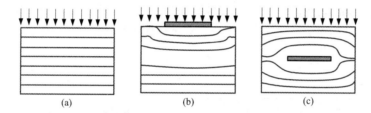

图 8-6　热流计传感器对温度场的影响
(a)无热流计；(b)粘贴式安装；(c)嵌入式安装

则两种安装方式引起的热阻误差分别为：

$$\Delta = \frac{\frac{\delta'}{\lambda'}+R}{\frac{1}{h_1}+\frac{\delta}{\lambda}+\frac{\delta'}{\lambda'}+R+\frac{1}{h_2}} \tag{8-7}$$

和

$$\Delta = \frac{\frac{\delta'}{\lambda'}-\frac{\delta'}{\lambda}}{\frac{1}{h_1}+\frac{\delta-\delta'}{\lambda}+\frac{\delta'}{\lambda'}+\frac{1}{h_2}} \tag{8-8}$$

热流计贴到被测表面后会在一定程度上引起壁面对流换热情况。但对于保温材料，由于外壁面对流换热热阻相对内部导热热阻较小，故热流计的引入对壁面换热影响不大。

辐射影响主要是由于传感器和待测物体表面发射率不同。其中表面发射率的差别对于覆盖有发射率较小的材料的保温壁面尤为突出。工程计算表明，对于一管外空气温度 $t_f = 30\text{℃}$，管壁温 $t_w = 10\text{℃}$，表面发射率 $\varepsilon_1 = 0.1$，空气侧对流换热系数 $h = 10\ \text{W}\cdot\text{m}^{-2}\cdot\text{K}^{-1}$ 的保温管道而言，采用热流计表面发射率 $\varepsilon_2 = 0.9$ 进行测量时，热流计因发射率不同所造成的偏差可达 50%。在实际测试过程中，可通过在物体表面增加表面涂层或贴附金属箔的方法减少辐射误差。

8.1.3 热流计的检定

热流计的检定也称热流计的标定或校准。由于热流计传感器的制作工艺和材料性质不一致，每个传感器的系数都不可能完全一致，一般不能通过计算得到，只能通过检定来确定。此外，传感器作为热流计的关键性一次敏感元件，其测量结果的准确性是热流计可否信赖的关键。因此，传感器在出厂前或使用一段时间后(通常是一年左右)都要进行标定或者重新校准。根据热流密度测定方式的不同，热阻式热流计传感器的检定方法可以分为绝对法和比较法两大类。

8.1.3.1 绝对法

常见的绝对法主要有保护热板法和昭和法。

保护热板法是基于无限大平板单向稳态导热原理。由于实际应用中无法实现无限大平板条件，因此为得到一维均匀热流，需要对待测样品的周边进行热保护，防止产生侧向热损。根据试样布置方式，可分为单试样保护挚热板法和双试样保护热板法，其结构示意图分别见图8-7(a)和(b)。

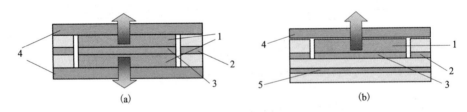

图8-7　保护热板法

(a)双试样保护热板法；(b)单试样保护热板法
1—热流计传感器；2—边加热器；3—主加热器；4—冷板；5—底加热器

对于双试样保护热板法，中间为板式主加热器，两侧各放置一个同一型号的热流计传感器，在周边布置板式边加热器及绝热材料。控制保护板加热器使其温度与主加热器一致，调整加热器功率使主加热板与保护加热板温度一致，以有效防止侧向热损。冷板通常采用迷宫式恒温流体控温设计(参见图8-8)，可提供较为理想的等温面，从而在冷热板间建立起较理想的一维稳态热流场。当待测试样相同时，流过试样的热流量为主热流板加热器产生的热流量的一半。

如果待检定的热流计传感器并不完全相同，则使用双试样保护热板法也难以准确确定通过每个试样的热流量。此时，可以采用单试样保护热板法，其基本原理与双试样保护热板法相同，但由于没有对称试样布置，因此必须增加底部辅助加热器，以防止底部热损。单试样保护板法装置可提供单向一维热流，其热流量大小即为主加热器提供的热流量。

保护热板法总误差在 3% 左右，是目前热流传感器校准最为准确的方法。

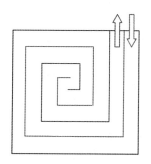

图 8-8　迷宫式恒温冷板

日本昭和式检定法设计理念是模拟热流计实际使用条件进行检定，装置示意图如图 8-9 所示。该装置采用了与单试样的保护热板类似的热板，但没有冷板。检定时，将热流计传感器的一面贴在板面上，另一面直接暴露在室内空气中，检定方法和上面提到过的保护热板法一样。使用这种装置检定容易受到外界条件变化的影响，并且在检定时热板发出的热流会由于传感器的存在而引起扭曲，因此检定结果与保护法装置存在一定差别。此外，由于测试中一侧暴露于空气中，很难保证与实际使用条件一致，而且也不易对测试误差进行修正。

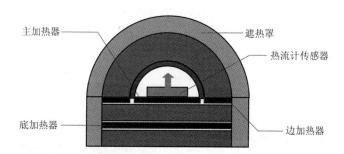

图 8-9　日本昭和式热流计检定装置

例 8-1：用绝对法校准热流传感器，测定结果经整理后列在表 8-1 中，求热流传感器系数。表中，t_1、t_2 为热流传感器的热面温度，t_3、t_4 为热流传感器的冷面温度。t_1 与 t_3，t_2 与 t_4 分别位于主加热器两侧[如图 8-7(a)]所示。

表 8-1　热流传感器测定记录

t_1 /℃	t_2 /℃	t_3 /℃	t_4 /℃	$P=I^2R$ /W	$q=P/F$ /(W·m^{-2})	E_1 /mV	E_2 /mV
62.65	62.70	60.8	60.8	3.25	410.5	3.061	3.125

解：由式(8-2)可知：$q_1=\lambda_1\dfrac{t_1-t_3}{\delta_1}$，$q_2=\lambda_2\dfrac{t_2-t_4}{\delta_2}$。

当被标定的热流传感器是用相同的材料制作($\lambda_1 = \lambda_2$)且厚度相同($\delta_1 = \delta_2$)时，$\dfrac{q_1}{q_2} = \dfrac{t_1 - t_3}{t_2 - t_4}$。

一般情况下，可以认为 $q_1 = q_2$（两个热流传感器冷热面温差差异小于±2%时）；但当 $q_1 \neq q_2$ 时，可以根据温差计算 q_1 和 q_2。

又由于 $q = q_1 + q_2$，因此，$q_1 = \dfrac{q}{1 + \dfrac{q_2}{q_1}} = \dfrac{q}{1 + \dfrac{T_2 - T_4}{T_1 - T_3}} = 207.95 \quad \text{W/m}^2$

由式(8-3)可知：$K_{r1} = \dfrac{q_1}{E_1} = 67.94 \quad \text{W/(m}^2 \cdot \text{mV)}$

同理可得：$q_2 = 202.55 \ \text{W/m}^2$；$K_{r2} = \dfrac{q_2}{E_2} = 64.82 \ \text{W/(m}^2 \cdot \text{mV)}$。

8.1.3.2 比较法

比较法分为标准热流计比较法和标准试样比较法。

标准热流计比较法将待检定的热流计传感器与经绝对法检定的作为标准的标准热流计传感器一起置于表面温度保持稳定均匀的热板和冷板之间[装置图见图 8-10(a)]。利用标准热流计的分辨率 K_R 和输出电势 E，就可确定待检定热流计传感器的热流。比较法的准确度主要取决于标准热流传感器分辨率的准确度，并存在较大的边缘误差，检定总误差可达 5%。为提高检定的准确度，可采用如图 8-10(b)所示的双标准热流计法。在检定中，取两标准热流计的热流测量平均值作为待测热流计的热流，以减小边缘热损的影响。

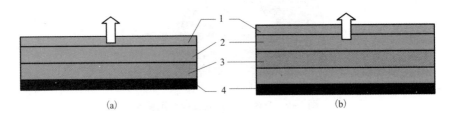

(a)　　　　　　　　　　　　　(b)

图 8-10　标准热流计比较法

(a)单标准热流计比较法；(b)双标准热流计比较法

1—冷板；2—标准热流计传感器；3—待检定热流计传感器；4—热板

标准试样比较法采用已知导热系数的标准试样，用其导热系数、厚度和温差推算出热流密度，进而获得传感器系数。目前主要有如图 8-11 所示的三种布置方式。

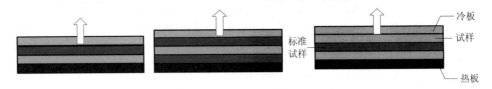

图 8-11　标准试样比较法

8.2　辐射热流计

8.2.1　辐射热流计的工作原理

辐射热流计也称热辐射计、辐射热通量计或辐射热流计,是用于测量热辐射过程中热辐射迁移量的大小,评价热辐射性能的重要仪器。传统的热辐射传感器包括圆箔式(gardon)、塞式(schmidt boelter)、2π 式等,最新型的热辐射传感器是薄膜式热辐射传感器。塞式(schmidt boelter)和 2π 式等热辐射传感器正在逐渐被快速响应型薄膜热辐射传感器所取代。但是用于高速瞬态快速测量(10~20 ms)的圆箔式(gardon)热辐射传感器一直沿用至今,这是因为最新的快速响应型薄膜热辐射传感器的响应时间还不能超过 20 ms。本节主要介绍圆箔式热辐射传感器和薄膜式热辐射传感器。

8.2.1.1　圆箔式辐射热流计

圆箔式热流计也称戈登计,其结构如图 8-12 所示。将圆形康铜箔片焊接在空心圆柱铜热沉体上,再将一根铜丝焊接到康铜片的中心,另一根铜丝焊接到热沉体上,就能形成一对铜–康铜–铜温差热电偶。

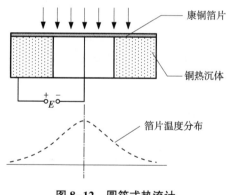

图 8-12　圆箔式热流计

在康铜箔片上涂以高吸收率的涂层,以吸收辐射热流。当热辐射投射到康铜箔片涂黑表面上时,辐射热将使箔片温度升高,并沿着康铜箔的径向传递给铜热沉体。由于康铜箔片很薄,其径向热阻很大,故沿径向可形成较大的温度梯度。当整个检测器处于稳态时,辐射热通量和热电偶输出电势间的关系为:

$$q = 22.841 \frac{S}{R^2} E \tag{8-9}$$

式中:q 为辐照密度,$W \cdot cm^{-2}$;E 为热流计输出电势,mV;R 为热流计箔片半径,cm;S 为热流计箔片厚度,cm。

在实际应用中，通常需在康铜箔片前加装一块单晶硅片视窗，以消除对流传热对康铜箔片的影响。由于单晶硅片能通过热辐射线，故测出的为纯辐射热流，同时能起到防止积灰的作用，但硅片的加装会降低康铜箔的有效吸热，故在应用时需对测试结果予以修正。

圆箔式热流计结构简单、坚固，热流测量范围可达 50 MW·m^{-2}，时间相应最快可达 10 ms，并具有稳定性与复现性好，输出信号无须放大等特点。

8.2.1.2　薄膜式辐射热流计

瞬态热流计热流传感单元为金属箔膜，通过将传感器制成差动热电偶或利用箔膜的电阻变化可实现热流的测量。根据测试需要可制成接触式或辐射式，其不仅可用于航空航天中短周期高温大热流试验研究，还能用于消防、火灾控制和工业设备监控等领域。图 8-13 给出了薄膜式瞬态热流计的结构示意图。

薄膜测头是将 μm 级厚度温敏热阻薄膜（通常是铂）蒸镀在绝缘基底上（通常为石英或玻璃）制成的。当热传递到薄膜表面时，金属薄膜电阻随温度变化而变化。电阻（温度）的变化规律与热量传递速度间存在一定函数关系：

$$q = f(T_s, \tau, a) \tag{8-10}$$

式中：T_s 为基底表面温度；τ 为时间；a 为基底热扩散率。

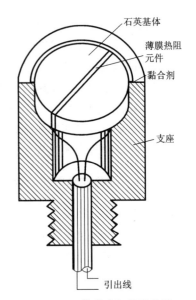

图 8-13　薄膜式辐射热流计

该热流计响应时间可达 μs 级，特别适用于瞬态过程的测量。且由于热阻层非常薄，故其对被测物温度场及热流场的影响可忽略不计。但函数关系较复杂。

8.2.2　辐射式热流计的检定

辐射式热流计的检定方法主要有银板热容法与黑体辐射法。

8.2.2.1　银板热容法

银板热容法也称标准热流计法，在准稳态条件下，通过测量银板单向受热时的温升速率可确定入射基准热流。装置图如图 8-14 所示。以管状石英灯组为热源，将采用银板制作的标准热流计与被检的辐射热流同时置于稳定的辐射热流场内，记录银板温升速度与被检定热流计的输出，从而得到检定结果。通过调控辐射源改变辐射热流值的大小，对被校热流计进行全量程范围的检定。

8.2.2.2　黑体辐射法

黑体辐射法采用黑体炉作为标准辐射热源，适用于纯辐射热流计与总辐射计的检定，检定装置如图 8-15 所示。首先在一定炉温下，采用精密电位差计或数字电压表测量圆箔式标

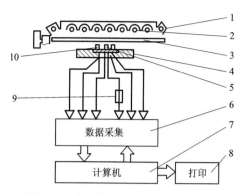

图 8-14 银板热容法检定装置示意图

1—水冷罩；2—石英灯组；3—电动快门；4—升降夹具；5—标准热流计；
6—数据采集单元；7—计算机；8—打印机；9—冷端补偿器；10—二次标准热流计

准热流量计的输出，确定热流量输出与黑体炉出射热流的对应关系。继而采用待检定热流计取代标准热流计进行重复操作，获得热流计检定曲线。黑体炉法检定装置如图 8-15 所示。

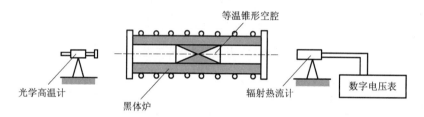

图 8-15 黑体炉法热流计检定装置

在检定总热流计时，检定和校验时所获得的数据可以在使用时直接应用；对于装有单晶硅片的纯辐射热流计，在使用时应考虑其透过率(约 0.5)的影响，从而需加以修正。

8.3 热量的测量

8.3.1 热量测量原理

热量的测量包括载热流体(如水、蒸汽等)放热量的测量以及冷却流体(如冷却水)吸热量(冷量)的测量，二者的测量原理相同。

流体放出或吸收的热量，与热水流量和供回水焓差有关，它们之间的关系可用下式表示：

$$Q = \int \rho q_v (h_1 - h_2) \mathrm{d}\tau \qquad (8\text{-}10)$$

式中：Q 为流体吸收或放出的热量；q_v 为通过流体的体积流量；ρ 为流体的密度；h_1 和 h_2 分别为流进、流出的流体的焓。

由热力学知识可知，物质的焓值为温度的函数，因此只要测得流体出入口处的温度和流量，即可得到流体吸收或放出的热量。依据这个原理，既可以测量热水的供热量也可以测量冷却水的制冷量。

8.3.2 热量表的构造

热量表通常是由温度传感器、流量传感器和计算器构成的，工作原理如图 8-16 所示。温度传感器分别安装在通过载热流体的上行管和下行管上，流量计安装在流体入口或回流管上(流量计安装的位置不同，最终的测量结果也不同)，并发出与流量成正比的脉冲信号，一对温度传感器给出表示温度高低的模拟信号，而积算仪采集来自流量和温度传感器的信号，利用计算公式(8-10)算出热交换系统获得的热量。

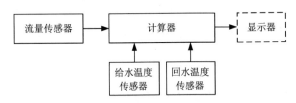

图 8-16 热量表工作原理图

目前生产的热量表有两种形式。一种是一体式热量表，组成该表的计算器、流量传感器和温度传感器会全部或部分组成不可分开的整体；另一种为组合式热量表，组成该表的计算器、流量传感器和温度传感器相互独立。一体式热量表安装简单，但当管道密集或管道设在管井中时，读书不方便。组合式热量表的安装比一体式热量表的安装工作量大，但计算器和显示器位置设置灵活，读数方便。

表 8-2 是我国生产的热量表的准确度等级和最大允许相对误差。热量表在最小允许温差 Δt_{min}(一般为 3℃)或最小流量下工作，其误差不能超过最大允许相对误差。

表 8-2 热量表的准确度等级和最大允许相对误差

Ⅰ级	Ⅱ级	Ⅲ级
$\Delta = \pm\left(2+4\dfrac{\Delta t_{min}}{\Delta t}+0.01\dfrac{q_p}{q}\right)\%$ $\Delta_q = \pm\left(1+0.01\dfrac{q_p}{q}\right)\%$ 且 $\Delta_q \leqslant \pm 5\%$	$\Delta = \pm\left(3+4\dfrac{\Delta t_{min}}{\Delta t}+0.02\dfrac{q_p}{q}\right)\%$	$\Delta = \pm\left(4+4\dfrac{\Delta t_{min}}{\Delta t}+0.05\dfrac{q_p}{q}\right)\%$

表 8-2 中，q_p 为额定流量，对Ⅰ级表，$q_p \geqslant 100\ m^3/h$，q 为实际流量；Δt 为流体的进出口温度之差；Δ_q 和 Δ 分别为流量传感器和热量表的误差限。

8.3.3　热量表的标定及应用

热量表的流量传感器和温度传感器部分要分别满足各自的安装要求，计算器及附属的显示装置应安装在通风良好、便于观察的位置。热量测量仪表的维护周期一般为 5 年，即在使用 5 年后，需将仪表拆卸下来进行校准。

热水热量测量仪表校准可对流量传感器、温度传感器和计算器分别进行校准，此种校准方法称为按照分量校准，各分量的准确度等级和最大允许相对误差应达到表 8-3 规定的技术指标。也可对整体表按热量校准，称为按总量校准，其准确度等级和最大允许相对误差应达到表 8-2 的规定。

表 8-3　各分量的准确度等级和最大允许相对误差

	流量传感器误差限 Δ_q	配对温度传感器误差限 Δ_t	计算器误差限 Δ_c
1 级	$\pm\left(1+0.01\dfrac{q_p}{q}\right)\%$ 且 $\leqslant \pm5\%$	配对温度传感器的温差误差应满足 $\pm\left(0.5+3\dfrac{\Delta t_{min}}{\Delta t}\right)\%$ 对单支温度传感器的温度误差应满足 $\pm(0.30+0.005\lvert t\rvert)$ ℃	$\pm\left(0.5+\dfrac{\Delta t_{min}}{\Delta t}\right)\%$
2 级	$\pm\left(2+0.02\dfrac{q_p}{q}\right)\%$ 且 $\leqslant \pm5\%$		
3 级	$\pm\left(3+0.05\dfrac{q_p}{q}\right)\%$ 且 $\leqslant \pm5\%$		

热量表校准所用的主要设备列于表 8-4 中。热水流量标准装置的扩展不确定度（包含因子为 2），应不大于热量表最大允许误差的 1/3；温度校准装置（标准温度计）的扩展不确定度（包含因子为 2）应不大于热量表最大允许误差的 1/5。按总量校准可以标准热量表作为标准，标准热量表的扩展不确定度（包含因子为 2）应不大于热量表最大允许误差的 1/3。

表 8-4　校准所用的主要设备

总量标准	分量标准		
	流量传感器	配对温度传感器	计算器
热水热量标准装置 耐压实验设备 恒温槽 二等标准铂电阻温度计	热水热量标准装置 耐压实验设备	恒温槽 二等标准铂电阻温度计	信号发生器 标准电阻箱

注：耐压试验设备用于鉴定热量表的最大允许工作压力。

思考题与习题

1. 热阻式热流计的工作原理是什么？在什么条件下可以将热流传感器与热电势的关系看作线性关系？

2. 如何提高热流计的灵敏度？

3. 如何减少热阻式热流计的响应时间？

4. 热流传感器的标定方法有哪些？请简述其标定原理。

5. 分析采用热流计采用埋入式和粘贴式安装方法测量墙体热阻时所带来的测量误差。

6. 保护热板法是稳态法测量导热系数的标准方法之一，也是重要的热阻式热流计检定方法。试分析说明其在分别用于导热系数测定及热流计检定时工作原理的异同。

7. 用保护热板法（平板直接法）标定热流传感器，测量记录见下表，求传感器系数。表中，t_1、t_2 为热流传感器的热面温度，t_3、t_4 为热流传感器的冷面温度。t_1 与 t_3，t_2 与 t_4 分别位于主加热器两侧。

t_1 /℃	t_2 /℃	t_3 /℃	t_4 /℃	$P=I^2R$ /W	$q=P/F$ /(W·m^{-2})	E_1 /mV	E_2 /mV
62.65	62.70	60.8	60.8	3.5	510.5	3.161	3.145

8. 画出热量表的组成框图，并简述其工作原理。

第9章　环境品质测量技术

环境品质一般是指一个特定的环境与人类健康以及社会发展的适宜程度，通常包括空气中污染物含量、噪声水平、光照情况等多方面的内容。环境品质测量主要是对这些方面的相关指标进行测量，测量结果可以作为环境评价的依据。本章主要对测量空气中有害物、环境放射性、建筑声环境及光环境时涉及的仪器仪表的工作原理及使用方法进行相应的介绍。

9.1 空气中气体污染物的测量

空气中的气体污染物主要包括二氧化硫、氮氧化合物、一氧化碳、甲醛、氟利昂、苯及苯系物等对人体有害且常温下为气态的物质。显然，对空气中尤其是室内环境中气体污染物的测定分析，对改善人类生活环境具有重要意义。气体污染物含量测量仪表（即气体成分分析仪表）有多种分类方法：根据传感器的基本工作原理，可以分为热学式、光学式、电化学式、热磁式等；根据待测组分，可以分为二氧化硫分析仪、一氧化碳分析仪等。

9.1.1 红外线吸收式一氧化碳/二氧化碳分析

1729 年和 1760 年，皮埃尔·布格（Pierre Bouguer）和约翰·海因里希·朗伯（Johann Heinrich Lambert）分别阐明了物质对光的吸收程度和吸收介质厚度之间的关系。1852 年，奥古斯特·比尔（August Beer）提出，光的吸收程度和吸光物质浓度也具有类似关系。两者结合起来就得到了有关光吸收的基本定律——朗伯-比尔定律，即：当一束平行单色光垂直通过某一均匀非散射的吸光物质时，其吸光度与吸光物质的浓度及吸收层厚度成正比，即：

$$A = \lg \frac{I_0}{I_t} = \lg \frac{1}{T} = K \cdot l \cdot c \tag{9-1}$$

式中，A 为吸光度；I_0 和 I_t 分别为入射光和透射光的强度，cd；T 为透射比，又称透光度；l 为吸收介质的厚度，m；c 为吸光物质的浓度，kg/m^3 或 mol/m^3；K 为吸收系数或摩尔吸收系数，当吸光物质浓度为质量浓度（以 kg/m^3 为单位）时，K 称为吸收系数，m^2/kg；当吸光物质浓度为摩尔浓度（以 mol/m^3 为单位）时，K 称为摩尔吸收系数，m^2/mol。

某些气体分子对某一个或某一组波长的光的吸收能力远大于对其余波长的光的吸收能

力，这一个或一组波长被称为气体的特征吸收波长，例如，一氧化碳（CO）的特征吸收波长为 4.65 μm，二氧化碳（CO_2）的特征吸收波长分别为 2.7 μm、4.26 μm 和 14.5 μm。光学吸收式气体成分分析仪就是根据朗伯-比尔定律，通过使用待测气体分子的特征吸收波长的光穿过充有待分析气体的气室，并检测透射前后光强的变化量实现的，包括红外气体分析仪、紫外线分析仪、光电比色分析仪等。

红外线气体分析仪是一种典型的吸收式光学气体成分分析仪，是利用某些气体分子对红外光谱范围内光的选择性吸收特性来测量其含量。双光束直读式红外气体分析仪是工业上最常用的一种典型红外线气体分析仪，其工作原理如下图 9-1 所示。

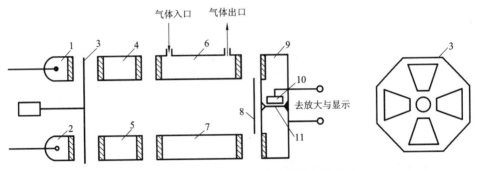

图 9-1　红外线气体分析仪的工作原理示意图

1、2—红外光源；3—切光片；4、5—滤光镜（气室）；6—测量室；7—参比气室；
8—使两光路平衡的遮光板；9—薄膜电容微音器；10—固定金属片；11—金属薄膜

如图 9-1 所示，参比气室中通常充以对红外线不吸收的气体，如氮气，并密封。测量气室中连续通过被测气体，红外测量光源（工作光源）和参比光源发出的红外线分别经过滤光室、测量气室或参比气室，最后到达薄膜电容微音器。薄膜电容微音器又称电容微音红外检出器（简称检出器），如上图所示，检出器的两个接收室都充以待测组分气体，分隔两室的金属薄膜和固定金属片一起构成一组电容，电容量即检出器的输出信号。当测量气室中无待测组分气体时，调整两束光强，使两接收室的光强相等，此时，由于两室温升相同，测量电容的可动电极处于平衡位置，输出信号为零。当测量室中存在被测组分时，进入检出器测量接收室一边的能量减弱，导致金属薄片（电容的可动电极）向测量接收室一侧移动，从而导致电容量发生变化。显然，测量室中待测组分的含量越大，电容的变化量越大。

切光片由同步电动机带动，使红外光源收到一定频率的调制，以得到交流信号，便于信号放大并得到较好的时间相应特性。滤光室的作用是消除气样中干扰成分的影响。例如，被测气流中含有与待测组分 A 有部分重叠的特征吸收带组分 B，则 B 即为测量的干扰成分。此时，可在滤光室中充以组分 B，使组分 B 特征吸收带的辐射能量全部被吸收掉，从而消除组分 B 的浓度变化对指示值的影响。

红外线气体分析仪可用于测量气体中的 SO_2、NO_x、CO_2、CO、CH_4 等组分的含量，具有准确度高、灵敏度高及反应迅速等优点，但不能分析单原子气体和具有对称结构的无极性双原子气体，因为这些气体在红外波段（1~25 μm）不具有特征吸收带。

9.1.2　紫外荧光式二氧化硫分析

现代量子物理学的能级理论(又称能层理论)认为,任何元素的原子都是由原子核和绕核运动的电子组成的,原子核外电子按其能量的高低分层分布能形成不同的能级,因此,一个原子核可以具有多种能级状态。能量最低的能级状态称为基态能级,其余能级称为激发态能级,而能级最低的激发态则称为第一激发态。正常情况下,大多数分子在室温时均处在基态能级(最低能级),当物质分子吸收了与它所具有的特征频率相一致的光子时,就由原来的能级跃迁激发态。电子跃迁到较高能级以后处于激发态,但激发态电子是不稳定的,大约经过 10^{-8} 秒以后,激发态电子将返回基态或其他较低能级,并将电子跃迁时所吸收的能量以光(主要是荧光)的形式释放出去。

根据比尔定律,被气体吸收的入射光强度为:

$$I_0 - I_t = I_0(1 - e^{-K \cdot l \cdot c}) \tag{9-2}$$

则发射光强度应为:

$$F = I_0 \varphi (1 - e^{-K \cdot l \cdot c}) \tag{9-3}$$

式中: φ 为发射光产生效率。

如果发光物质浓度很稀,则上式可近似简化为:

$$F = I_0 \cdot \varphi \cdot K \cdot l \cdot c \tag{9-4}$$

从式(9-3)、式(9-4)可知,发射光总强度与发光物质浓度成单值函数关系,因此,可以通过测定发射光强度确定发光物质的浓度。

紫外荧光式二氧化硫分析仪是一种典型的发射式光学气体成分分析仪,是根据二氧化硫分子在紫外线照射下会发射荧光的特性制成的,基本结构如下图9-2所示,由气路和荧光计两部分组成。荧光,又作"萤光",是指某些物质受一定波长的光激发后发射出的波长大于激发波长的可见光。

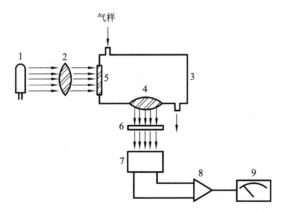

图 9-2　紫外荧光式二氧化硫分析仪的基本结构

1—紫外光源;2、4—透镜;3—反应室;5—激发光滤光片;6—发射光滤光片;

7—光电倍增管;8—放大器;9—指示表

采用紫外荧光法测定二氧化硫的主要干扰是因素水分和芳香烃化合物。水分的影响体现在两个方面；一是二氧化硫溶于水，一是二氧化硫遇水产生荧光猝灭，从而造成负误差。芳香烃化合物在 $190 \sim 230$ nm 紫外光激发下也能发射荧光，从而造成正误差。因此，待测气体在进入反应室之前除需要除尘外，还需要进行除水和除烃处理。

如图 9-2 所示，经除尘、除水和除烃的气样进入反应室，经流量计测定流量后排出，反应室中的气体在紫外线的照射下发射荧光，荧光经发射光滤光片投射到光电倍增管上，将光信号转换成电信号，经电子放大系统等处理后显示出浓度读数。

紫外荧光式二氧化硫分析仪使用前，要用标准二氧化硫气体校准。该仪器操作简便，对环境条件要求较高，应安装在温度变化不大、灰尘少、清洁干燥的地方。

9.1.3 库仑滴定式二氧化硫分析

库仑滴定法是一种基于控制电流的电解过程的分析方法。让强度一定的恒电流通过电解池，同时用电钟记录时间。由于电极反应，在工作电极附近会不断产生一种物质（称为滴定剂），与溶液中的被测物质发生反应。当被测定物质被"滴定"（反应）完了以后，由指示反应终点的仪器发出讯号，立即停止电解，关掉电钟。按照法拉第电解定律，可由电解时间和电流强度计算溶液中被测物质的量。

库仑滴定式二氧化硫分析仪是根据库仑滴定法原理制造的二氧化硫分析仪，其基本结构及工作原理如下图 9-3 所示。

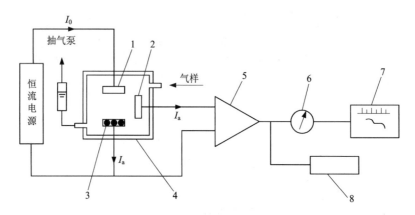

图9-3 库仑滴定式二氧化硫分析仪工作原理

1—铂丝阳极；2—活性炭参比电极；3—铂网阴极；4—库仑池；5—放大器；

6—微安表；7—记录仪；8—数据处理系统

库仑池是由铂丝阳极、铂网阴极、活性炭参比电机及一定浓度的碱性碘化钾溶液（电解液）组成的。恒流电源加于两电解电极上，则电流从阳极流入，经过阴极和参比电极流出。因参比电极通过负载电阻和阴极连接，故阴极电位是参比电极电位和负载上的电压降之和。在这样的电位差下，阳极只能氧化溶液中的碘离子得到碘分子，即：

$$2I^- \longrightarrow I_2 + 2e$$

抽入库仑池的气体带动电解液在池中循环，碘分子被带到阴极后还原。在上述电位差作用下，阴极只能还原碘分子，重新产生碘离子，反应式为：

$$I_2 + 2e \longrightarrow 2I^-$$

如果进入库仑池的气样中不含有可与库仑池中的物质发生反应的物质，则当碘浓度达到动态平衡后，阳极氧化的碘和阴极还原的碘相等，即阳极电流和阴极电流相等，参比电极无电流输出。如果气样中含有二氧化硫，则溶液中将会发生如下反应：

$$SO_2 + I_2 + 2H_2O \longrightarrow SO_4^{2-} + 2I^- + 4H^+$$

这个反应在库仑池中是定量进行的，每个二氧化硫分子反应后，都将消耗一个碘分子，而少一个碘分子到达阴极，阴极将少给两个电子，从而降低流入阴极的电解液中碘的浓度，使阴极电流下降。为维持电极间氧化还原平衡，参比电极上的碳将发生还原反应给出两个电子：

$$C(氧化态) + ne \longrightarrow C(还原态)$$

显然，气样中的二氧化硫含量越大，消耗碘越多，导致阴极电流减小而通过参比电极流出的电流越大，当气样以固定流速连续地通入库仑池时，则参比电极电流和二氧化硫量间的关系为：

$$P = \frac{I_R M}{96500 n} = 0.000332 I_R \tag{9-5}$$

式中：P 为 SO_2 进入库仑池的质量流量，$\mu g/s$；I_R 为参比电极电流，μA；$M = 64$，为 SO_2 分子量，g/mol；$n = 2$，为参加反应的每个 SO_2 分子引起的电子变化数；96500 为法拉利常数，表示每 mol 电子的带电量。

设通入库仑池的流量为 $q_V(m^3/s)$，气样中 SO_2 的浓度为 $c(\mu g/m^3)$，则：

$$P = c q_V \tag{9-6}$$

$$c = \frac{0.000332 I_R}{q_V} \tag{9-7}$$

由上式可知，参比电极增加 1 μA 电流，表示气样中 0.08 mg/m^3 的 SO_2 的浓度。将参比电极电流变化放大后，可以被测气体中的 SO_2 浓度进行显示或记录。

仪器的零点可以用经过活性炭过滤器滤去全部氧化性和还原性气体的空气作为零气进行校验，仪器使用时，每切换一次量程，都应重新校验零点。

9.1.4　化学发光式氮氧化物分析

化学发光是物质在进行化学反应时所伴随的一种光辐射现象，可以分为直接发光和间接发光。直接发光是最简单的化学发光反应，有两个关键步骤组成，即激发和辐射。如 A、B 两种物质发生化学反应生成 C 物质，反应释放的能量被 C 物质的分子吸收并跃迁至激发态 C＊，处于激发态的 C＊在回到基态的过程中会产生光辐射。这里 C＊是发光体，此过程中由于 C 直接参与反应，故称直接化学发光。间接发光又称能量转移化学发光，它主要由三个步骤组成：首先，反应物 A 和 B 反应生成激发态中间体 C＊（能量给予体）；其次，当 C＊分解时释放出能量转移给 F（能量接受体），使 F 被激发而跃迁至激发态 F＊；最后，当 F＊跃迁回基态时，产生发光。利用测量化学发光强度对物质进行分析测定的方法称为化学发光分析法。

化学发光式氮氧化物分析仪利用了一氧化氮和臭氧之间的发光反应，其反应机理为：

$$NO+O_3 \longrightarrow NO_2^* +O_2$$

$$NO_2^* \longrightarrow NO_2 + hf$$

处于激发态的二氧化氮（NO_2^*）向基态（NO_2）跃迁时发射光子，发光强度如下式：

$$I=K \frac{C_{NO}C_{O_3}}{C} \tag{9-8}$$

式中：K 与发光反应温度有关的常数；C_{NO}、C_{O_3} 和 C 分别为 NO、O_3 和空气的浓度。

当反应温度一定，而参加反应的臭氧分子过量时，样品中一氧化氮的浓度与化学发功强度成正比，若利用光电倍增管将发光强度转化为电流强度，则一氧化氮的浓度将与光电倍增管的输出电流强度成正比。如果要分析二氧化氮含量，则首先应该将二氧化氮定量还原为一氧化氮。

化学发光式氮氧化物分析仪由转换器、臭氧发生器、过滤器和信号系统（放大、处理、显示）等组成，如图9-4所示。

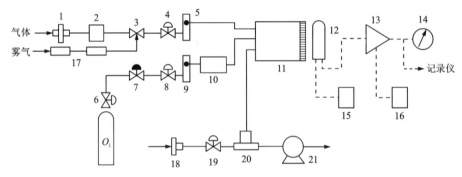

图9-4 化学发光式氮氧化物分析仪工作原理

1、18—尘埃过滤器；2—$NO_2 \rightarrow NO$ 转换器；3、7—电磁阀；4、6、19—针形阀；

5、9—流量计；8—膜片阀；10—O_3 发生器；11—反应室及滤光片；12—光电倍增管；

13—放大器；14—指示表；15—高压电源；16—稳压电源；17—零气处理装置；20—三通管；21—抽气泵

如图9-4所示，化学发光式氮氧化物分析仪有两个气体通道：一个是被分析的气体，经尘埃过滤器进入转换器，其中的 NO_2 被转换为 NO，再通过三通电磁阀、流量计到达反应室；另一个是氧气，经电磁阀、膜片阀、流量计进入 O_3 发生器，在紫外光照射或无声发电等作用下，产生数百 ppm（10^{-6}）的 O_3 送入反应室。在反应室中，气样中的 NO 和 O_3 发生化学反应，产生的光量子经反应室端面上的滤光片获得特征波长光射到光电倍增管上，将光信号转换成与气样中的 NO_2 浓度成正比的电信号，经放大和信号处理后，送入指示、记录仪表显示和记录测定结果。反应后的气体由泵抽出排放。

9.1.5 酚试剂比色法甲醛含量分析

甲醛是一种挥发性有机化合物，能够损伤人体的呼吸系统和皮肤，是室内环境主要污染物之一。酚试剂比色法测量甲醛含量的基本原理是：甲醛与酚试剂会发生化学反应，生成嗪，在高铁离子存在时，嗪在酸性溶液中会被氧化生成蓝绿色化合物，溶液颜色的深浅(蓝绿色化合物生成量)反映了参与反应的甲醛含量，据此可分析气样中的甲醛含量。显然，直接以人的视觉判断溶液颜色深浅的方法受人为因素影响过大，难以准确分析甲醛含量。因此，通常用分光光度计测定溶液颜色的深浅。

分光光度计是依据比尔定律测量吸光度，其结构与工作原理如下图 9-5 所示。分光光度计光源为钨丝灯和氢灯。石英棱镜作为单色器，对投射到上面的光进行分光处理。光电管作为光电转换元件，要配以紫敏光电管和红敏光电管，前者适用于测量波长为 200~625 nm 的吸光度，后者适用于波长为 625~1000 nm 的吸光度。

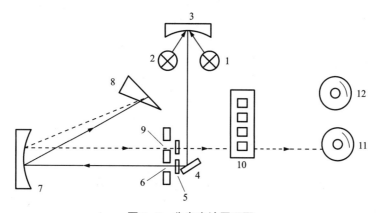

图 9-5　分光度计原理图

1—钨灯；2—氢灯；3—凹面聚镜；4—平面反射镜；5—石英透镜；6—入射狭缝 S_1；7—准直镜；
8—石英棱镜；9—出射狭缝 S_2；10—吸收池；11—紫敏光电管；12—红敏光电管

由光源发出的光线经凹面镜 3 反射至平面镜 4 上，然后再反射通过狭缝 S_1，经准直镜反射至石英棱镜上散射，散射后的光线经准直镜反射回来聚集在出射狭缝 S_2 上，最后经过样品池至检测器 11 或 12，检测结果通过显示系统显示。

利用酚试剂比色法可以检测的浓度限为 0.1 μg/mL，当采样体积为 10 L 时，最低检测浓度为 0.01 mg/m^3。

检测时先取 8 支 10 mL 比色管，按不同比例配置标准色列，然后用图示分光光度计测量各比色管的吸光度。以甲醛含量为横坐标，以吸光度为纵坐标，绘制曲线，计算回归线斜率，以斜率作为样品测定的计算因子 B_g。

测量时用一个内装 5.0 mL 吸收液的气泡吸收管，以 0.5 L/min 流量，采集 10 L 空气。将采样后的样品移入比色皿中，用少量吸收液洗涤吸收管，洗涤液并入比色管中，使总体积为 5 mL。利用分光光度计测定吸光度，在每批样品测定的同时，用 5 mL 未采样的吸收液做空白溶液，测定空白溶液的吸光度，可利用下式计算空气中的甲醛浓度：

$$C = \frac{(A-A_0)B_g}{V_0} \qquad (9-9)$$

式中：C 为空气中甲醛浓度，mg/m^3；A 为样品溶液的吸光度；A_0 为空白溶液的吸光度；B_g 为根据标准溶液吸光度确定的计算因子；V_0 为换算成标准状态下的采样体积。

9.1.6 色谱法挥发性有机化合物分析

挥发性有机化合物(votatile organic compound，VOC)是指室温下饱和蒸气压超过了 133.32 Pa 的有机物。挥发性有机化合物是空气中三种有机污染物(多环芳烃、挥发性有机物和醛类化合物)中影响较为严重的一种。国家颁布的《民用建筑室内环境污染控制规范》将 TVOC 的含量作为评价居室室内空气质量是否合格的一项重要项目。

对空气中挥发性有机化合物含量的测量通常使用气相色谱法。色谱法最早是由俄国植物学家茨维特(Tsweet)在 1906 创立的，又称色层法或层析法，是一种用以分离、分析多组分混合物质的有效方法，目前已成为现代科学实验室中应用最广泛的一类工具。

气相色谱仪由载气系统、进样系统、色谱柱、检测与记录系统组成。载气系统包括气源、气体净化、气体流速控制和测量气流的流量计、压力表等。进样系统包括进样器、汽化室，起到引入试样并使之汽化的作用。

色谱柱是色谱仪的关键部件，其作用是分离样品，主要有填充柱和毛细管柱。色谱柱为空心管，其中，填充某种物质(称为固定相)。当汽化后的试样被连续流动气体(称为流动相或载气，一般为 N_2、He 等)运载着进入色谱柱时，由于固定相对各组分的吸附或溶解能力不同，因此，各组分在色谱柱中的运行速度也不同，经过一定的柱长后，各个组分便彼此分离，按顺序离开色谱柱进入检测器。检测与记录系统按各组分物理、化学特性将各组分按顺序转换成电信号，并进行存储和显示。

色谱仪常用的检测器有火焰离子检测器、热导检测器等多种类型。配有火焰离子检测器的气相色谱仪原理如图 9-6 所示，氢火焰离子检测器原理如图 9-7 所示。待测样品在氢空气火焰中燃烧，变成带电的离子。这些带电离子在收集电极和供电电极共同产生的电场中做定向运动，到达收集电极从而形成离子流，通过测量这一电流大小，便可得知物质的浓度。

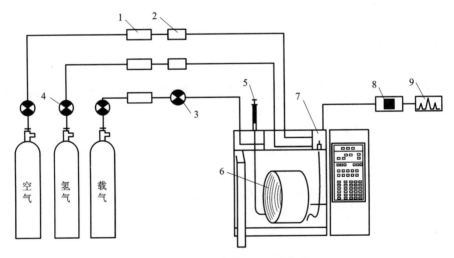

图 9-6　气相色谱仪原理示意图

1—分子筛脱水管；2—固定限流器；3—流量控制器；4—稳压器；
5—进样口；6—色谱柱；7—检测器；8—电子部件；9—计算机

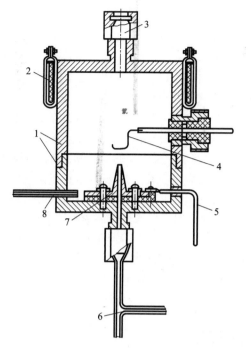

图 9-7　氢火焰离子检测器原理示意图

1—壳体；2—加热器；3—燃烧产物排出口；4—收集电极；
5—供电电极；6—氢气和待测样品入口；7—燃烧头；8—助燃空气入口

利用气相色谱仪测量挥发性有机化合物含量时，用吸附管采集一定体积的空气样品，空气中的挥发性有机化合物就能保留在吸附管中。将吸附管安装在热解析仪上加热，使有机蒸汽从吸附剂上解析下来，并被载气流带走，载气的流动方向与采样时气体的流动方向相反。载气携载有机化合物经传输线进入毛细管柱（色谱柱），不同的有机化合物在色谱柱内分离，在不同时刻到达氢火焰检测器，从而产生间断的电流信号，电流信号的出现时间可用于辨别有机化合物的种类，电流大小对持续时间的积分（或称峰面积）可用于定量测量有机物含量的大小。采集空气样品中各类挥发性有机物的浓度可按下式计算：

$$C_i = \frac{(A_i - A_{i0}) B_g}{V_0 E_g} \tag{9-10}$$

式中：C_i 为空气样品中第 i 种挥发性有机化合物的浓度；A_i 和 A_{i0} 分别为测量气样和空白气样的峰面积；B_g 为用混合标准气体绘制标准曲线得到的计算因子，具体计算方法与式（9-9）中的 B_g 类似；V_0 为换算成标准状态下的采样体积；E_g 为热解吸收率，可通过实验确定。

总挥发性有机化合物含量可按下式计算：

$$C_{TVOC} = \sum_{i=1}^{n} C_i \tag{9-11}$$

式中：C_{TVOC} 为空气样品中总挥发性有机化合物含量；n 为有机化合物种类总数。

9.2   大气尘及生物颗粒的测量

大气尘的早期概念是指大气中的固态粒子，即真正的灰尘；大气尘的现代概念既包含固态颗粒也包含液态微粒，即专指大气中的悬浮颗粒。在我国颁布实施的《大气环境质量标准》（GB3095—2012）中，环境空气中空气动力学当量直径小于等于100 μm 的颗粒物，被称为总悬浮微粒（TSP）；空气动力学当量直径为10 μm 及以下的悬浮微粒，被称为 PM10，又称为可吸入颗粒物；空气动力学当量直径为2.5 μm 及以下的颗粒物，被称为 PM2.5，又称为细颗粒物。空气中存在许多微生物，如霉菌、细菌、病菌等，大多数附着在大气尘颗粒上，这种附着有微生物的颗粒通常被称为生物颗粒。大气尘，尤其是可吸入颗粒物和细颗粒物，对人体健康危害较大。因此，测定大气尘浓度及微生物含量对于保障人体健康和评价空气品质具有重要意义。

空气含尘的浓度通常有三种表示方法：①计重浓度，即单位体积空气中含有的尘粒质量；②计数浓度，即单位体积空气中含有的尘粒个数；③沉降浓度，即单位时间单位面积上自然沉降下来的尘粒数或者质量。在环境卫生、工业卫生和一般空调领域，大气尘的浓度通常采用计重浓度，有时辅助以沉降浓度；在空气洁净技术中，通常采用大气尘的计数浓度。

9.2.1   总悬浮颗粒物的测量

空气中总悬浮颗粒物浓度通常采用称重法测量，即以恒速抽取一定体积的空气通过滤膜，悬浮颗粒物被截留在滤膜上，根据采样前、后滤膜质量之差及采样体积，即可计算出空气中总悬浮颗粒物的浓度。总悬浮颗粒物采样器如图 9-8 所示，其由采样夹（采样时，滤膜固定于采样夹上，如图 9-9 所示）、流量计、采样管及采样泵组成。

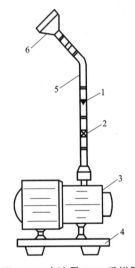

图 9-8   中流量 TSP 采样器

1—流量计；2—调节阀；3—采样泵；

4—消声器；5—采样管；6—采样头

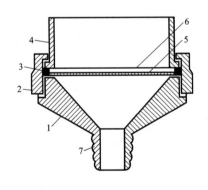

图 9-9   颗粒物采样夹

1—底座；2—紧箍圈；3—密封圈；

4—接座圈；5—支撑网；6—滤膜；7—抽气接口

测量过程通常包括四个步骤：

①滤膜准备。用 X 光看片机检查滤膜，确保无针孔或其他缺陷；然后，将滤膜放在恒温恒湿箱中平衡 24 小时，平衡温度取 15~30℃ 中任一点，记录下平衡温度和湿度；在平衡条件下测量并记录滤膜质量

②安放滤膜及采样。打开采样头顶盖，去除滤膜夹；将已编号并称量过的滤膜绒面向上，放在滤膜支持网上，放上滤膜夹，设置好采样时间即可采样。

③尘膜的平衡及称重。采样完成后，取下尘膜(载有大气尘的滤膜)，并将其放置于恒温恒湿箱内，以相同的温湿条件平衡 24 小时，然后称重。

④计算。可利用如下公式计算空气中的总悬浮颗粒浓度：

$$C_{\mathrm{TSP}} = \frac{W}{V_n \cdot t} \tag{9-12}$$

式中，C_{TSP} 为总悬浮颗粒浓度；W 为阻留在滤膜上的悬浮颗粒质量；V_n 为标准状态下的采样流量；t 为采样时间。

9.2.2　可吸入颗粒物的测量

对可吸入颗粒物的测量可以采用称重法，即对气样中的颗粒物以不同孔径的滤膜进行分级过滤，对 10 μm 以下的可吸入颗粒物进行测量，方法与 TSP 的测量类似。此外，可吸入颗粒物还可以采用粒子计数器测量，本节介绍常用的光散射式粒子计数器。

颗粒物对光的散射与颗粒大小、光波波长、颗粒折射率及颗粒对光的吸收特性等多种因素有关，但就散射光强度和颗粒大小而言，有一个基本规律，即颗粒散射光的强度随颗粒表面积的增加而增大。光散射式粒子计数器的基本原理如图 9-10 所示，一定流量的含尘气体通过有强光的空间时，源自颗粒的散射光经过聚光透镜投射到光电倍增管上，将光脉冲变为电脉冲，由脉冲数求得颗粒数。而颗粒的直径又可根据粒子散射光的强度与粒径的函数关系得出。

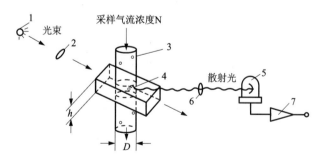

图 9-10　粒子计数器工作原理示意图

1—光源；2—透镜组；3—浮游微粒；4—检定空间；5—光电倍增管；6—透镜组；7—放大器

粒径与输出电信号之间的关系为：

$$d_{\mathrm{p}}^{n} = ku \tag{9-13}$$

式中：d_{p} 为颗粒直径，μm；k 为转换系数；u 为电压信号，mV；n 为仪器系数，$n = 1.8~2.0$。

粒子计数器显示的粒径称为名义粒径，它代表的实际粒径范围与标定时选用的标准离子粒径有关。不同光源的粒子计数器对颗粒粒径和浓度的分辨力不同：以普通光源为入射光的粒子计数器，对 $0.3~\mu m$ 以下的微粒分辨灵敏度很低，通常只能测量 $0.3~\mu m$ 以上（特别时 $0.5~\mu m$ 以上）的颗粒；激光粒子计数器的粒径分辨力更高，可以测量 $0.09~\mu m$ 以上的微粒；白炽光计数器能够测量的最大粒子浓度约为 50000 粒/L，激光计数器的最大测量浓度约为 10000 粒/mL。含有更多颗粒的气体需要先进行定量稀释，然后再测量其颗粒浓度。下图 9-11 为稀释系统原理图。

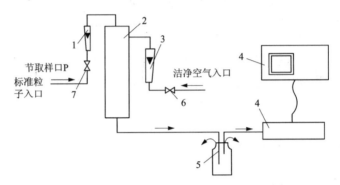

图 9-11　有混和器和缓冲器的稀释系统原理图
1—流量计；2—混和器；3—流量计；4—粒子计数器；5—缓冲器；6—阀门

9.2.3　生物微粒的测量

生物微粒，又称生物气溶胶，是指含有微生物或生物大分子等生命活性物质，并悬浮于大气的微粒。生物微粒粒径范围相对很宽，介于 $10^{-3}~\mu m$ 到 $10^2~\mu m$ 之间。测量得到的微生物浓度很大程度上依赖于采样技术和分析方法。生物微粒的采样技术根据其采样原理的不同可分为沉降法、撞击法、过滤法、静电吸附法等多种。而主要分析方法包括电子显微镜法、微生物遗传型的鉴定法、细胞化学成分鉴定法等。本节重点介绍生物微粒的采样方法。

沉降法是最简单也是最早的生物微粒采样方法。自然沉降法是先利用空气微生物粒子的重力作用，在一定时间内，让所处区域空气中的微生物颗粒逐步沉降到带有培养介质的平皿（直径一般为 90 mm）内，然后按照规定的温度和时间培养，再用肉眼和显微镜计算菌落数目。这种方法简单经济，但也存在明显缺点：受气流干扰大，很难采集到小粒径颗粒，采样效率低，误差大。

撞击法是目前最常用的采样方法。撞击法是利用抽气装置将气样以恒定流速撞击采集面从而捕获生物微粒的方法，分为干式和湿式两种。安德逊采样器是一种基于干式撞击法的多段孔板微粒采样装置，其基本结构如下图 9-12 所示。采样器由 6 个带有微细孔眼的金属撞击圆盘组成，圆盘上的孔径自上而下逐渐减小，盘下放置培养皿。气体被自上而下抽入采样器，气体中不同粒径的微粒被逐级收集于不同的培养皿中。安德逊采样器不仅能测定空气中生物微粒的数量，而且能求出生物微粒的粒径分布。仪器采样效率高，微生物存活率较高，且操作简单，价格便宜。但在采样过程中也会出现微粒反弹、微粒打碎、微生物损伤等问题，从而导致测量误差。

　　BioSampler 采样器是一种湿式撞击法微粒采样装置，其结构如图 9-13 所示。BioSampler 是用泵将空气以高速射流的方式喷入采样液，它有三个切线式弯度的喷嘴头，可将采样液吹成一个巨大的漩涡，从而增大气液接触面积。BioSampler 液体撞击采样器适用于高浓度的生物微粒采样，且对微生物的损伤较小。

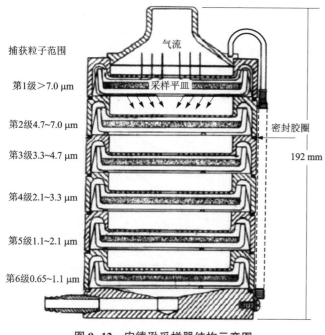

图 9-12　安德逊采样器结构示意图　　　　图 9-13　BioSampler 采样器结构示意图

9.3　环境放射性测量

　　有些物质的原子核能发生衰变，会放出人类肉眼看不见也感觉不到的带有一定动能的带电或不带电粒子，物质的这种性质叫作放射性。放射性物质放出的射线主要有 α 射线、β 射线、γ 射线等。放射性物质可以破坏人类和动物的中枢神经系统、神经-内分泌系统及血液系统，大剂量的放射性物质发挥作用时可迅速地引起病理变化。大多数放射性物质均有可能出现在大气中，但主要是氡的同位素。因此，放射性测量对环境品质的评价与改善具有重要意义。根据测量原理，放射性测量仪器可分为电离型、闪烁型、半导体型等多种，本节主要介绍电离型检测器和闪烁检测器。

9.3.1　电离型检测器

离子收集装置如图9-14所示,射线通过气体介质时,会使气体发生电离,电离形成的带电离子在外加电压作用下会被电极收集,从而形成电流。外加电压与电流(与离子收集速度成正比)之间的关系如图9-15所示。

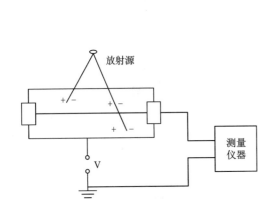

图 9-14　离子收集装置示意图

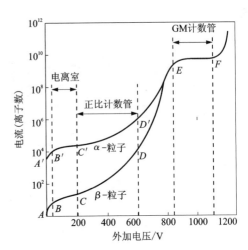

图 9-15　电流与外加电压之间的关系

由图9-15可知,生成的电流随外加电压的增大总体上呈增大趋势,但增大规律在不同的区间具有明显不同的特征,根据这种不同可分为6个特征区间。不同类型的电离型检测器工作于不同的特征区间,分别介绍如下。

第Ⅰ区:收集的离子对数目(电离电流)随收集电压的增大而增加。表明在Ⅰ区域内收集电压还不够高,射线粒子在工作气体中产生的电子-正离子对由于复合损失而未被完全收集。

第Ⅱ区:饱和区或电离室区。在Ⅱ区,收集电压实现了对射线粒子在工作气体中产生离子对的完全收集。因而,在一定的电压变化范围内,收集离子对数目不随工作电压而变化,电离室就工作在这个区域。

第Ⅲ区:正比区。继续增加工作电压,收集到的离子对数目又会重新随电压增加而增大,且仍保持与射线粒子在工作气体中产生的初始离子对数目成正比的关系,因此称为正比区。

第Ⅳ区:有限正比区。收集到的离子对数目与初始离子对数目不再保持正比关系,而是远大于初始离子对数目。

第Ⅴ区:G-M区或盖革区。在这个区域内,收集的离子对数目与射线粒子在工作气体中产生的初始离子对数目根本无关,即使在工作气体中只产生一对离子对,收集的离子对数目也是很大的,其数值完全由气体探测器本身的特性及相随电子学电路来决定。

第Ⅵ区:连续放电区。当外加电压继续增高,即达到连续放电区,只要电离开始就连续放电不止。

放射性物质的电离型检测器主要包括电流电离室、正比计数管和盖革计数管(GM管)三种。目前,应用最广泛的是盖革计数管。盖革计数管通常为一密封并抽真空的玻璃管,如

图 9-16 所示, 中央有一根细金属丝作为阳极, 玻璃管内壁涂以导电材料薄膜或另装一金属圆筒作为阴极, 管内充有一定量的惰性气体和少量猝灭气体。为减少本底计数和达到防护的目的, 一般将计数管放在铅或铁制成的屏蔽室中, 基于盖革计数管的射线强度测量装置整体结构如图 9-17 所示。

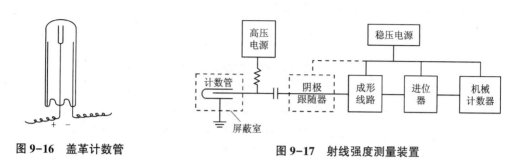

图 9-16　盖革计数管　　　　　　　图 9-17　射线强度测量装置

当盖革计数管的阴极和阳极之间加有适当的工作电压时, 管内形成柱形对称电场。如有带电粒子进入管内, 由于粒子与管内惰性气体原子的电子之间的库仑作用, 可使气体电离 (或激发), 形成正负离子对, 这种电离称为初级电离。在电场作用下, 正、负离子分别向阴极、阳极运动。电子在向阳极运动过程中不断被电场加速, 又会与原子碰撞再次引起气体电离, 称为次级电离。由于不断的电离, 电子数目急剧增加, 形成自激雪崩放电现象。与此同时, 原子激发后的退激发以及正负离子对的复合, 都会产生大量的紫外光子, 这些光子在阴极上打出光电子, 光电子在电场中也被加速, 快速运动的电子、光电子会迅速使雪崩放电, 并遍及计数管整个灵敏体积。与质量小、速度快的电子、光电子相比, 正离子质量大, 速度慢, 因此, 在电子、光电子迅速达到阳极并已形成雪崩放电时, 正离子的移动距离很小, 仍然包围阳极附近, 构成正离子鞘, 使阳极周围电场大为减弱。在正离子缓慢地向阴极运动过程中, 也会与猝灭气体相碰撞。不同类型猝灭气体的猝灭机制不同, 对卤素气体而言, 由于其电离点位低于惰性气体, 因而会先于惰性气体大量电离, 从而使到达阴极表面的大部分是猝灭气体的正离子, 它们与阴极上电子中和后大部分不再发射电子, 从而抑制正离子在阳极上引起的电子发射, 终止雪崩放电, 形成了一个脉冲电信号。

入射粒子进入盖革计数管引起雪崩放电后, 在阳极周围形成的正离子鞘削弱了阳极附近的电场, 这时再有粒子进入也不会引起放电, 即没有脉冲输出, 直到正离子鞘移出强场区, 场强恢复到刚刚可以重新引起放电, 这段时间称为死时间。从这之后到正离子到达阴极的时间称为恢复时间, 在恢复时间内, 粒子进入计数管所产生的脉冲幅度低于正常值。

盖革计数管的形状可以根据实验目的来确定和选用, 这种计数管稳定性高, 对电源的稳定度要求不高, 不受外界电磁场干扰, 结构简单, 价格便宜, 脉冲幅度大 (伏特量级), 灵敏度高, 因而获得了广泛应用。然而, 由前述原理可知, 盖革计数管不能区分粒子的性质, 也不能进行快速计数 (因为存在死时间和恢复时间), 对于不带电的 γ 射线探测效率低。

9.3.2　闪烁检测器

某些物质在被核射线或粒子照射时, 会吸收粒子的动能并产生光子, 这些能产生光的物质被称为闪烁体，闪烁检测器利用闪烁体的这一特性，通过检测闪烁体产生了光检测环境中的射线。闪烁检测器主要由闪烁体、光的收集部件和光电转换器件等组成，如图 9-18 所示。从放射粒子射入到检测信号(电信号)输出，整个过程可分为以下几个阶段。

(1)粒子进入闪烁体内使原子或分子电离或激发，从而损失能量。假定入射粒子的能量为 E，则损失的能量可记为 KE，其中 $K \leqslant 1$。

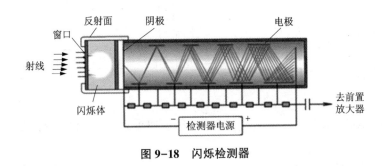

图 9-18　闪烁检测器

(2)闪烁体内受激的原子或分子在退激发时，发射出可见范围内的光子(也可将能量转化为晶格振动或热运动)。假设闪烁体转化为可见光的能量转换效率为 P，产生的光子平均能量为 h_ν，则发射的光子数为：

$$R = \frac{EKP}{h_\nu} \tag{9-14}$$

(3)光子通过闪烁体和光导射到光阴极上。在此过程中，部分光子因被吸收或散射而无法到达光阴极，假设光收集系数为 L，则到达光阴极的光子数为：

$$R' = LR \tag{9-15}$$

(4)光阴极吸收光子并发射光电子。假设光电转换率为 ε，从阴极到倍增系统中的第一打拿极的传输系数为 q，则光阴极发射并到达第一打拿极的光电子数为：

$$N = \varepsilon q R' \tag{9-16}$$

(5)光电子在倍增管中倍增，而后到达阳极形成电压脉冲。假设光电的倍增系数为 M，则在输出端可得到 MN 个电子，相应的脉冲电荷 $Q = EMN$，如果它们被全部输出到电容 C 收集，则形成一个电压脉冲 U。

(6)脉冲通过成形后由射极跟随器或前置放大器输出，被电子学仪器分析并记录。

由以上分析可知，闪烁体探测器的输出脉冲的幅度与入射粒子能量成正比，因此，选择光产额(一定数量的入射粒子所能产生的光子数)大的晶体，提高光收集系数 L(要求闪烁体的发射光谱和吸收光谱的重合部分尽量少，同时为减少在闪烁体和倍增管界面上光的损失，常在它们中间加光导或光耦合剂)，提高光阴极的光电转换效率 ε、电子传输系数 q 和光电倍增管的放大倍数 M，都可以使脉冲幅度增大。

闪烁体的种类很多，不同材料的闪烁体可以测量不同的放射性物质。检测 γ 射线时常用碱金属卤化物晶体[如 NaI(Tl)、CsI(Tl)等，其中 Tl 是激活剂]，检测 α 射线常用 ZnS(Ag)无机闪烁体，检测 β 射线多用塑料闪烁体或有机液体闪烁体，同时，对 α 射线、β 射线的检测可通过复合闪烁体实现。蒽等有机晶体发光持续时间短，可用于高速计数和对短寿命核素的半衰期的测量。

闪烁检测器检测效率高,适用于测量不带电粒子,如 γ 射线和中子,还能够测量能谱;时间分辨率高,有的闪烁体(如塑料闪烁体、BaF_2 等)能够实现 ns 级的时间分辨。由于这些优点,闪烁检测器是目前应用广泛且较为成熟的核辐射检测仪器。

9.4 环境噪声测量

噪声的本质是声音,其产生于物体的振动。人们通常将不愿意听到的声音称为噪声,在现代社会,环境噪声几乎无孔不入,时常会给人们的生产和生活带来极大的困扰。噪声对人类的危害是多方面的,它会严重影响人们的心情,损伤人类的听觉系统,引发疾病,降低人们的生活质量。强烈的噪声甚至能够影响仪器仪表的正常运行,伤及一些建筑物。因此,噪声也是评价环境品质的一个重要方面。

9.4.1 噪声的物理量度

描述噪声强度的物理量有声强、声压、声功率、声强级、声压级和声功率级等。其中声压和声压级相对容易测量,因此在噪声测量中使用最多。所谓声压就是介质受到声波扰动后产生的压力变化,即介质中有声场时的压力与无声场时的压力之差,国标单位为 N/m^2 或 Pa。普通人耳能够听到的最小声音的声压约为 $2.0 \times 10^{-5} Pa$,称为可闻阈;能够忍受的最强声音的声压约为 20 Pa,称为痛阈。

普通人耳的可闻阈与痛阈声压相差 10^5 倍,直接使用声压数据描述噪声强度数值范围较大,意义也不够直观。为此,通常用声压级作为噪声强度的量度变量,定义如下式:

$$L_p = 20 \lg \frac{p}{p_0} \tag{9-17}$$

式中:p 为声压;p_0 为参考声压,通常取人耳的可闻阈声压($2.0 \times 10^{-5} Pa$);L_p 为声压级,dB(分贝)。部分声学环境及相应的声压值、声压级值如表 9-1。

表 9-1　部分声学环境及相应的声压、声压级

环境	声压/Pa	声压级/dB
锅炉排气放空,距喷口 1 m	200	140
铆钉枪,大型罗茨风机	63	130
汽车喇叭,距人 1 m(痛阈)	20	120
柴油机	6.3	110
离心风扇	0.63	90
公共汽车上	0.20	80

续表9-1

环境	声压/Pa	声压级/dB
城市噪声，街道上	0.063	70
普通说话，相距1 m	0.020	60
电风扇，微电机附近	0.0063	50
安静房间	0.0020	40
轻声耳语	0.00063	30
树叶飘动声	0.00020	20
农村静夜	0.000063	10
可听(可闻阈)	0.000020	0

多个声音同时出现时，其总声压是各声音声压的平方和的平方根，即：

$$p_t = \sqrt{\sum_{i=1}^{n} p_i^2} \tag{9-18}$$

式中：p_t 为多个声音的总声压；p_i 为第 i 个声音的声压；n 为声音的个数。由式(9-18)和(9-17)可知，多个声音同时出现时，总声压级为：

$$L_{pt} = 10\lg \sum_{i=1}^{n} 10^{0.1L_{pi}} \tag{9-19}$$

式中：L_{pt} 为多个声音的总声压；L_{pi} 为第 i 个声音的声压。当 n 个声音的声压级相同(均为 L_p)时，总声压级为：

$$L_{pt} = L_p + 10\lg n \tag{9-20}$$

由式(9-19)和式(9-20)可知，多个声音同时出现时，总声压级小于所有声音的声压级之和。

9.4.2　人耳的听觉特性及噪声的主观评价

噪声不是频率单一的"纯音"，通常由多种不同频率的声音混合而成。普通人耳能够感知的声音频率范围大致在 20~20000 Hz，人耳对声音的感受不仅与声压有关，而且与频率也有关系。声压级相同、频率不同的声音带给人们的响度感受往往不一样，根据人耳的这一特性，人们仿照声压级的概念，引出了一个与频率有关的物理量——响度级，其单位为方(phon)。响度级以 1000 Hz 的纯音作为基准声音，若某噪声听起来与基准音一样响，则该噪声的响度级(方值)就等于基准音对应的声压级(dB值)。例如，如果某噪声听起来与声压级为 40 dB 的基准音一样响，则该噪声的响度级(方值)为 40phon。在一定意义上，响度级是一个考虑了人耳特性的主观评价指标。

通过对大量正常人进行响度感受试验，可获取声音的响度级。在人耳可听范围内，把频率不同，但响度级相同的点连接起来，就形成了等响曲线，如图 9-19 所示。

从等响曲线可以看出，人再对 2000~5000 Hz 的高频噪声敏感，而对低频噪声不敏感。

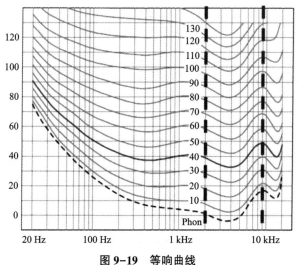

图 9-19　等响曲线

例如，对于频率为 3500 Hz 的高频噪声，声压级为 33 dB 时响度级即可达 40phon，但对于频率为 100 Hz 低频噪声，声压级达 52 dB 时才有同样的响度。为了使声学测量仪器的测量结果与人类感受吻合，人们依据人耳的听觉特性为声级计设计了三种不同的记权网络，即 A、B、C 网络，对不同频率的声音施以不同程度的衰减。A 网络模拟人耳对等响曲线中 40 方纯音的响应，对中、低频段有较大的衰减；B 网络模拟人耳对 70 方纯音的响应，对低频段有一定的衰减；C 网络是模拟人耳对 100 方纯音的响应，在整个声频范围内都有近乎平直的响应。声级计经过频率计权网络测得的声压级称为计权声级，简称声级，根据所使用的计权网的不同，分别称为 A 声级、B 声级和 C 声级，单位记作 dB(A)、dB(B) 和 dB(C)。

9.4.3　噪声的测量仪表

声级计是噪声测量中最基本的仪器，主要由传声器、放大器、记权网络、检波器、对数变换器、示波器及显示、记录仪表等部分构成，如图 9-20 所示。

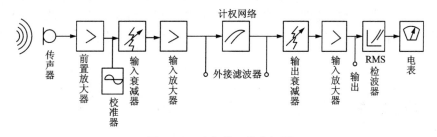

图 9-20　声级计工作方框图

传声器，也称为话筒，其把声压信号转变为电压信号，是声级计的传感器。常见的传声器有晶体式、驻极体式、动圈式和电容式数种。电容式传声器是声学测量中比较理想的传声器，主要由金属膜片和靠得很近的金属电极组成。当膜片受到声压作用时，膜片便发生变形，使两个极板之间的距离发生了变化，从而改变了电容量，位测量电路中的电压也发生了变化，从而将声压信号转变为电压信号。

放大器一般采用两级放大器，即输入放大器和输出放大器，其作用是将微弱的电信号放大。输入衰减器和输出衰减器是用来改变输入信号的衰减量和输出信号衰减量的，以便使表头指针指在适当的位置。

计权网络的作用如前节所述，主要是使声级计的测量值与主观听感统一。

根据测量的需要，检波器有峰值检波器、平均值检波器和均方根值检波器之分。峰值检波器能给出一定时间间隔中的最大值，平均值检波器能在一定时间间隔中测量其绝对平均值。除脉冲声需要测量它的峰值外，在多数的噪声测量中均是采用均方根值检波器。

声级计广泛用于各种机器、车辆、船舶、电器等工业噪声和环境噪声测量，适用于工厂企业、建筑设计、环境保护、劳动卫生、交通运输、教学、医疗卫生、科研等部门的噪声测试。为保证测量结果的准确性，声级计使用中应注意以下几个方面。

①选择合适的测试地点。除特殊场合外，声级计要离开地面，离开墙壁，以减少地面和墙壁的反射声的附加影响。

②室外噪声需要在天气条件合适时测量。通常要求在无雨无雪的时间测量，声级计应保持传声器膜片清洁，风力在三级以上必须加风罩(以避免风噪声干扰)，五级以上大风应停止测量。

③声级计每次使用前需要用声级校正设备对其灵敏度进行校正。

按不同的标准，声级计有多种不同的分类方法。根据整机灵敏度区分，声级计可分为普通声级计和精密声级计两类，前者对传声器要求不太高，动态范围和频响平直范围较狭，一般不配置带通滤波器；后者传声器要求频响宽，灵敏度高，长期稳定性好，且能与各种带通滤波器配合使用，放大器输出可直接和电平记录器、录音机相连接，可将噪声讯号显示或贮存起来。近年来，又有人将声级计分为四类，即 0 型、1 型、2 型和 3 型，其精度分别为 ±0.4 dB、±0.7 dB、±1.0 dB 和 ±1.5 dB。根据功能用途的不同，声级计可分为积分式声级计和脉冲式声级计等类。积分式声级计适用于测量一段时间内非稳态噪声的等效声级，脉冲式声级计适用于测量冲击声和短持续时间的噪声(如枪炮声、冲压机声等)。

近年来，计算机技术在噪声测量技术中不断融入，声级计中内置的计算机可以对经过模数转换的噪声信号进行数字滤波、傅立叶变换、频谱分析和统计分析，因此，现在一些技术先进的声级计产品不仅能测量出噪声强度，往往还具有噪声频谱分析、历史数据统计等多种功能。

9.5 光环境测量

光环境能够影响人的精神状态和心理感受。舒适的亮度、宜人的光色在给人们带来视觉享受的同时，也使人们心情愉快，甚至工作效率都会有所提高。反之，反光强烈、颜色杂乱的光环境，不仅会危害人们视力，还可能干扰大脑中枢神经功能，甚至导致人体血压升高、心悸、发热等。光环境测量即对特定区域光环境的特征(如照度、亮度等)进行定量化描述,从而为光环境的科学评定和改进提供依据。

9.5.1 光环境的物理量度

光环境的度量方法可分为辐射度量和光度量两种,前者是纯客观的物理量,后者则考虑了人的视觉特性。辐射度量和光度量之间关系密切,后者是依据前者及人眼的生物学特征导出的。常用的光度量包括光谱光视效率、光通量、照度和亮度等。

人的视觉系统对不同波长光的感光灵敏度不一样,例如,对于辐射能量相同的绿光和蓝光,人们通常会觉得绿光更亮一些。国际照明委员会(CIE)根据对许多人的大量观察结果,确定了人眼对各种波长光的平均相对灵敏度,提出了 CIE 标准光度观察者光谱光视效率,通常简称为光谱光视效率。

光谱光视效率描述了人对不同波长可见光的视觉灵敏度,是关于波长的函数,其最大值为 1,发生在具有最大视觉效果的波长处,偏离该波长,则光谱光视效率将偏离小于 1。国际照明委员会给出了明亮和昏暗环境下的两种光谱光视效率,分别称为明视觉光谱光视效率和暗视觉光谱光视效率,如图 9-21 所示。

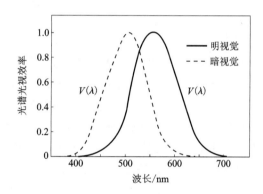

图 9-21　CIE 光度标准观察者光谱光视效率

光通量是按照国际约定的人眼视觉特性评价的辐射能通量(辐射功率),通俗言之,即人眼所能感觉到的辐射功率,定义式如下:

$$\Phi_v = K_m \int_0^{+\infty} \varphi_\lambda V(\lambda) \, d\lambda \tag{9-21}$$

式中: Φ_v 为光通量,lm; K_m 为最大光谱光视效能,lm/W,按国际光度学和辐射度学咨询委员会规定,$K_m = 683$ lm/W; φ_λ 为波长为的单色光的辐射能通量,W/nm; $V(\lambda)$ 为 CIE 标准明视觉光谱光视效率。

考虑到波长小于 380 nm 和大于 780 nm 时,光谱光视效率近似为 0,式(9-21)又可记为:

$$\Phi_v = K_m \int_{380}^{780} \varphi_\lambda V(\lambda) \, d\lambda \tag{9-22}$$

光通量的单位流明是一个导出单位,1 流明发光强度为 1 坎德拉(cd)的均匀点光源在 1 球面度立体角内发出的光通量。

照度是指单位面积上所接受可见光的光通量，表达式为：

$$E = \frac{\mathrm{d}\Phi_v}{\mathrm{d}A} \tag{9-23}$$

式中：A 为受照面积，m^2；E 为照度，lx。

发光强度是指点光源在给定方向上的单位立体角内发射的光通量，即：

$$I = \frac{\mathrm{d}\Phi_v}{\mathrm{d}\Omega} \tag{9-24}$$

式中：Ω 为立体角，sr；I 为发光强度，cd。

光亮度是指在给定方向上单位投影面积的面光源沿该方向的发光强度，即：

$$L = \frac{\mathrm{d}I}{\mathrm{d}A\cos\theta} \tag{9-25}$$

式中：θ 为给定方向与发光表面法方向的夹角；L 为光亮度，$\mathrm{cd/m}^2$。

9.5.2 照度测量

照度计是一种用于测量被照面上的照度的仪器。照度计主要由光传感器、测量转换线路及显示仪表组成，如图 9-22 所示。光探测器又称受光探头，包括接收器(光电元件)、光谱光视效率滤光器、余弦修正器等。

照度计的光电元件常使用硒(Se)光电池或硅(Si)光电池，当光线照到光电池上时，光电池的金属薄膜和半导体(硒或硅)界面上会发生光电效应，即将光信号转变为电信号。

由式(9-22)和式(9-23)可知，照度计光探测器对不同波长可见光的灵敏度应与 CIE 光度标准观察者光谱光视效率一致。然而，常用光电池的相对光谱灵敏度与 CIE 光度标准观察者光谱光视效率均有较大偏差，如图 9-23 所示。因此，精密照度计需要给光电池匹配一个合适的颜色玻璃滤光器(光谱光视效率滤光器)，从而使滤光后的光谱特性与 CIE 光度标准观察者光谱光视效率尽量一致。显然，二者越接近，照度测量的精度越高。

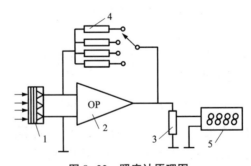

图 9-22 照度计原理图

1—光探测器；2—运算放大器；3—定标电阻；4—换档及反馈电阻；5—数字显示仪表

当光源由倾斜方向照射到光电池表面时，光电流输出理论上应当符合余弦法则，即此时的照度测量值应等于光线垂直入射时照度值与入射角余弦的乘积。但是，由于光电池的镜面反射作用，在入射角较大时，会从光电池表面反射掉一部分光线，致使光电流小于理论值。

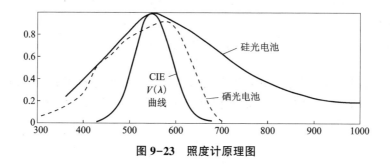

图 9-23　照度计原理图

余弦修正器即是为了修正这一误差而存在的, 它是在光电池表面外加的一层均匀漫透射材料。

照度计可用来对灯具照明效果或室内采光情况进行测量。室内采光的照度测量应选在阴天、照度相对稳定的时间内进行, 如上午 10 时至下午 2 时, 测量时应熄灭人工照明, 防止人影和其他因素影响测量结果。测量工作房间的照度时, 应该在每个工作地点(如书桌、工作台)测量照度, 然后加以平均。对于没有确定工作地点的空房间或非工作房间, 如果单用一般照明, 通常选用 0.8 m 高的水平面测量照度。通常将测量区域划分成大小相等的方格(或近似形状), 测量每个方格中心的照度, 区域照度通常取个点照度的平均值。照度均匀度指规定表面上的最小照度与平均照度之比。

9.5.3　亮度测量

测量光环境或光源亮度的仪器被称为亮度计, 目前常用的主要是光电式亮度计, 可分为遮筒式和透镜式两类。

遮筒式亮度计的构造原理如图 9-24 所示, 遮光筒内壁是无光泽的黑色饰面, 筒内设置有遮蔽杂散反射光的光阑。筒的前端设置有圆形的光入射窗口(面积为 S), 另一端设置有光探测器(光电池)。

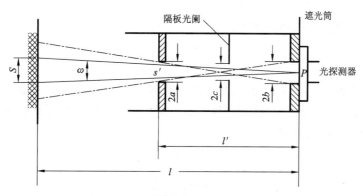

图 9-24　遮筒式亮度计工作原理图

根据图 9-24 可知，亮度为 L 的发光面在光探测器上包含中心点（图中 P 点）的面元上形成的法向照度为：

$$E = L\frac{S}{l^2} = L\omega \qquad (9-26)$$

式中：S 为光源面实际被测面积；ω 是以 P 为顶点、以 S 面为底所张的立体角。当遮光筒长度、窗口面积以及遮光筒与被测光源面的相对位置确定后，实际被测面积 S 以及立体角 ω 便可确定。由式（9-26）可知：

$$L = \frac{El^2}{S} = \frac{E}{\omega} \qquad (9-27)$$

如果光入射窗口与光源非常接近，则 $l \approx l'$（其中，l' 为入射窗口到光探测器的距离），上式可近似为：

$$L = \frac{El'^2}{S} = \frac{E}{\omega'} \qquad (9-28)$$

式中：ω' 是以 P 为顶点、以入射窗口面为底所张的立体角。遮筒式亮度计通常是在 $l \approx l'$ 情况下进行标度的，因此，在实际测量中，若入射窗口距离被测光源面较远，则应对测量结果进行相应修正。

遮筒式亮度计适用于测量面积较大、亮度较高且测量精度要求不高的情况。当被测目标比较小或不便于近距离测量时，需要采用透镜式亮度计。透镜式亮度计的工作原理如图 9-25 所示。

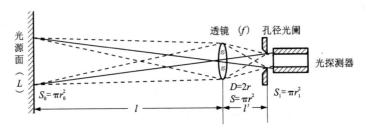

图 9-25　成像式亮度计结构原理

利用光度学和几何光学的原理可以推出：

$$E = \frac{\pi\tau}{4f_m^2}\left(1 - \frac{f}{l}\right)^2 L \qquad (9-29)$$

式中：E 为光探测器表面的照度；L 为发光面上的亮度；τ 为光学系统的透射比（透过率）；f 为透镜焦距；l 为透镜与发光面的距离（称为测量距离）；$f_m = f/D$，为系统相对孔径数，其中 D 为透镜的孔径直径。由式（9-29），可知：

$$L = \frac{4f_m^2}{\pi\tau\left(1 - \dfrac{f}{l}\right)^2}E \qquad (9-30)$$

当 f/l 很小，上式可近似为：

$$L = \frac{4f_m^2}{\pi\tau}E \tag{9-31}$$

透镜式亮度计通常带有目视瞄准系统,便于测量人员瞄准被测目标。前述两种亮度计的光探测器部分的工作原理与照度计相同,此处不再赘述。相对于遮筒式亮度计,透镜式亮度计具有更高的测量精度,使用也更为方便。因此,透镜式亮度计目前应用最为广泛,相关的研究也更多。

思考题与习题

1. 使用红外线气体分析仪测量空气中的一氧化碳和二氧化碳含量时,空气中的水蒸气对测量结果有无影响?

2. 要测量空气中二氧化硫的含量,有哪些方法?简述其测量原理。

3. 用库仑滴定法测量气体中的二氧化硫含量,通入库仑池的气体流量为 0.25 L/min,测得的参比电极电流为 100 μA,求气体中的二氧化硫含量是多少。

4. 利用化学发光法测量空气中的氮氧化物含量的工作原理是什么?哪些因素会影响测量精度?

5. 运用酚试剂比色法测量甲醛含量时,分光光度计的作用是什么?简述其工作原理。

6. 气相色谱仪主要由哪几部分构成?简述其工作原理。

7. 空气含尘的浓度通常有哪些表示方法?

8. 简述光散射式粒子计数器的工作原理。

9. 空气含尘浓度过高对光散射式粒子计数器的测量结果有无影响?

10. 简述安德逊采样器的工作原理。

11. 盖革计数管的工作原理是什么?能否测量不带电的放射性粒子(射线)?

12. 放射物质的闪烁检测器工作原理是什么?

13. 什么是等响曲线?它和声级计中的计权网络有何关系?

14. 某车间有 10 台相同的机床,当只有 1 台机床运转时,车间的平均声压级为 55 dB。当有 2 台、4 台及 10 台机床工作时,车间内的平均声压级应为多少?

15. 什么是光谱光视效率?

16. 简述照度计和亮度计的测量原理。

第 10 章　显示仪表

　　显示仪表是接收检测元件(包括敏感元件、传感器、变送器等)的输出信号，并通过适当的处理和转换，以易于识别的形式将被测参数显示出来的装置，工业自动化行业中习惯将其称为二次仪表。显示仪表可将被测参数的变化过程显示和记录下来，是系统监测、控制、性能分析以及事故评判等工作中必不可少的环节。根据其显示方式，显示仪表可分为模拟式显示仪表、数字式显示仪表以及智能显示仪表、虚拟显示仪表等多种类型。

10.1　显示仪表基本结构与工作原理

　　显示仪表本质上可视为一种信号转换系统，按输出信号(显示信号)的类型，可分为模拟式显示仪表和数字式显示仪表两大类。模拟式显示仪表是以指针与标尺间的相对位移量或偏转角来指示被测参数连续变化情况的显示仪表。模拟式显示仪表出现最早，常见的模拟式显示仪表有动圈式、电位差计式、自动平衡电桥式等。模拟式显示仪表按内部信号转换模式又可分为开环式和闭环式两种。开环式又称直接变换式，这类显示仪表的基本结构如图 10-1 所示。开环式显示仪表直接对传感器输出的信号进行放大/变换并显示出来，结构简单，制作成本低廉，但是信息转换效率相对较低，线性度较差，精度较低，传统的动圈式显示仪表即属此类。

图 10-1　开环式模拟显示仪表构成框图

　　闭环式显示仪表又称平衡式显示仪表，基本结构如图 10-2 所示。闭环式显示仪表内部配置了可逆电机和检测装置，内部的闭环控制使输入量 u 与输出量 y 保持着固定的线性关系。闭环式显示仪表线性度好，测量精度高，反应速度快，是模拟式显示仪表的主流工作模式和发展方向。自动平衡式的电子电位差计即闭环式显示仪表。相对于开环式显示仪表，闭环式显示仪表结构复杂，制造成本相对较高，因此，在一些对测量精度要求不高的场合，开环式显示仪表仍有一定的应用。

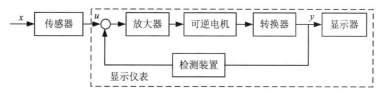

图 10-2　闭环式模拟显示仪表构成框图

数字式显示仪表直接以数字形式指示被测参数，具有测量速度快、抗干扰性能好、精度高、读数直观、工作可靠等优点，并且适用于计算机的集中监视和控制，近年来发展较快，在相当广泛的领域内已取代了模拟式显示仪表。数字式显示仪表的基本结构如图 10-3 所示，其主要由前置放大、模拟-数字信号（A/D）转换器、非线性补偿器、标度变换以及显示装置等部分组成，其中模-数转换、非线性补偿和标度变换这三个部分必不可少，被称为数字式显示仪表的三要素。

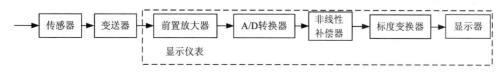

图 10-3　数字显示仪表构成框图

智能式显示仪表是在数字式显示仪表的基础上增强了数据存储、处理、显示等功能的新型显示仪表，智能式显示仪表的一种常见结构如图 10-4 所示。多路切换开关可把多路输入信号，按一定时间间隔进行切换，以实现多点显示；前置放大器和 A/D 转换是把输入的微小信号进行放大，而后转换为数字量；CPU 可对输入的数字量信号进行仪表功能所需的处理，诸如非线性补偿、标度变换、零点校正、满度设定、上下限报警、故障诊断、数据传输控制等；只读存储器是存放一些预先设置的使仪表实现各种功能的固定程序，其中，EPROM 需离线光擦除后写入，EEPROM 可在线电擦除后写入，RAM 是用来存储各种输入、输出数据以及中间计算结果等的。键盘为输入设备，打印机、显示屏幕为输出设备。智能式显示仪表对信息的存储以及综合处理能力大大加强，例如，可对热电偶冷端温度、非线性特性以及电路零点漂移等进行补偿，并进行数字滤波和各种运算处理，设定参数的上、下限值、报警、数据存储、通讯、传输以及趋势显示等。

近年来，随着计算机多媒体技术的快速发展，利用计算机来取代实际的显示仪表成为流行，形成了所谓的虚拟显示仪表的概念。虚拟显示仪表是利用计算机的强大功能来完成显示仪表的所有工作的。虚拟显示仪表硬件结构简单，只需要有传统意义上的采样、模-数转换电路，通过输入通道插卡插入计算机即可。虚拟仪器的显著特点是可以在计算机屏幕上完全模仿实际使用中的各种仪表，如仪表盘、操作盘、接线端子等，用户通过键盘、鼠标或触摸屏即可进行各种操作。由于计算机完全取代了显示仪表，除受输入通道插卡性能限制外，其他各种性能如计算速度、计算的复杂性、精确度、稳定性、可靠性等，都大增强。此外，一台计算机中可以同时实现多台虚拟仪表，可集中运行和显示。

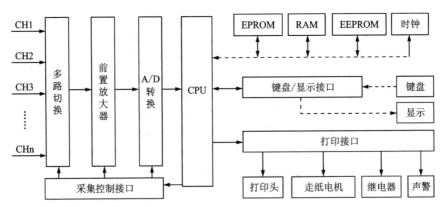

图 10-4   智能式显示仪表结构框图

10.2   模拟式显示仪表

10.2.1   动圈式显示仪表

动圈式显示仪表是发展较早的一种模拟式显示仪表,基本结构如图 10-5 所示。测量元件将被测量的变化转换成电压(或电流、电阻等电信号),表内的转换电路将其转换成流过动圈(可转动的线圈)的电流,线圈位于特定的磁场中,根据带电导体在磁场中受到安培力的电磁原理,此电流可使线圈偏转,并带动指针在刻度盘上指示出被测参量数值。

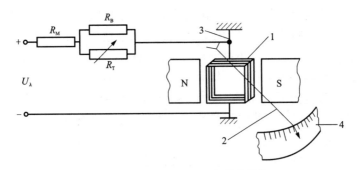

图 10-5   动圈式显示仪表基本结构

1—动圈;2—指针;3—张丝;4—面板

动圈式显示仪表具有体积小、质量轻、结构简单、价格低、指示清晰,既能对参数单独显示(如 XCZ 型),又能对参数显示控制(如 XCT 型)等特点,所以一直被许多中小型企业广泛使用。但其本质上仍是一种开环式显示仪表,信息转换效率和转换精度相对较低,随着闭环式(平衡式)模拟显示仪表以及数字式显示仪表的发展,动圈式仪表的数量正在逐渐减少。

动圈式仪表型号由三节组成，其中第三节表示统一设计的序号，第一次统一设计不加第三节，前两节的常用符号及意义见表10-1。

表 10-1　动圈式仪表型号

第一节				第二节					
第一位		第二位		第三位		第一位		第二位		第三位	

代号	意义	代号	意义	代号	意义	代号	意义	代号	意义	代号	意义
X	显示仪表	C	动圈式	Z	指示仪	1	单标尺	0		1	
				T	指示调节仪	1	高频振荡固定参数	0 1 2 3	二位调节 三位调节(狭中间带) 三位调节(宽中间带) 时间比例调节(脉冲式)	2	配接热电偶 配接热电阻
						2	高频振荡可变参数	4 5	时间比例二位调节 时间比例加时间调节	3	配接霍尔变送器
						3	时间程序式高频振荡固定参数	6 7 8	比例积分微分加二位调节 比例调节 比例积分微分调节	4	配接压力变送器

10.2.2　电位差计式显示仪表

电位差计是一种典型的闭环式(平衡式)模拟显示仪表，能与输出信号为电势(电压)的各种检测元件配合，有手动和自动两种类型。手动电位差计由工作电流回路、校准工作电流回路及未知电势测量回路三个基本回路组成，工作原理如图10-6所示。

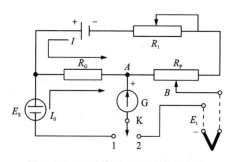

图 10-6　手动电位差计的原理线路

图10-6中，E_S 表示标准电池，其电动势可在较长时间内保持稳定不变。当开关K置于位置1时，标准电池的电势 E_S 与 R_G 上的电压降 IR_G 相比较，若 $E_S \neq IR_G$，则 $I_0 \neq 0$，检流计

指针将偏离零位。这时可调整电位器 R_1 的滑动触点，改变工作电流 I，直至检流计指针回到零位。此时，$I_0 = 0$，即有 $E_s = IR_G$。由于 E_s 及 R_G 均为定值，故 I 也为确定的数值。这一操作称为校准工作电流。

利用校准后的手动电位差计进行测量时，将开关置于位置 2，将传感器或变送器输出的被测量电势信号 E_t 接入电路。调整滑动触点 B 的位置，直至检流计指针回到零位，此时，测量回路中电流为 0，主回路工作电流（即通过电阻 R_G 和 R_p 的电流）保持不变，即：

$$I = \frac{E_s}{R_G} \tag{10-1}$$

被测电势的大小为：

$$E_t = \frac{E_s}{R_G} R_{AB} \tag{10-2}$$

因此，滑动触点 B 在标尺上所指示的电压数值就是被测电势 E_t 的值。

采用电位差计测量未知电势有如下优点：

（1）由于电位差计是在被测电势与已知电位差平衡时进行读数的，测量回路中没有电流通过，未从被测电势 E_t 中吸取能量，其接入也没有改变测量的状态，故可以得到较为真实的测量结果。正是因为测量回路中没有电流通过，所以热电偶及连接线的电阻变化对测量结果不产生影响。

（2）由于电位差计的有关电阻及标准电池的电动势都可以做到准确精密，检流计的灵敏度也可以做到足够高，因而也从实际上保证了电位差计能具有较高的准确度，其准确度等级有 0.2、0.1、0.05、0.02、0.005 等几种。实际工作中通常使用 0.05 级以上的手动电位差计作为标准仪器，对其他仪表进行检定。同时，它还可以作为直流电压、电流、电阻等的精密测量仪器。

手动电位差计测量精度高，但测量过程自始至终都需要人参与，无法连续测量。电子电位差计的工作原理与手动电位差计类似，但它采用电子放大器代替检流计，采用可逆电机及传动机构代替人手的操作，可以实现测量过程的自动平衡、指示及记录，其基本构成和原理如图 10-7、图 10-8 所示。

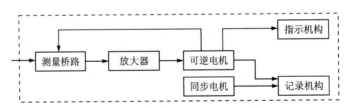

图 10-7　电子电位差计原理方框图

被测电势与测量桥路产生的直流电压（即已知电位差）相比较，所得之差值电压（即不平衡电压）由放大器放大，可输出足以驱动可逆电机的功率。根据不平衡电压的极性的正或负，可逆电机相应地正转或反转，通过传动系统移动测量桥路中滑线电阻上的滑动触点，改变测量桥路的输出电压直至与被测电势相等，不平衡电压为零，可逆电机停止转动。滑触点停在一定的位置，同时指示机构的指针也就在刻度标尺上指出被测温度的数值。同步电动机带动

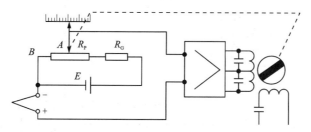

图 10-8 电子电位差计的电路示意

记录纸以一定的速度转动，与指示指针同步运动的记录装置在记录纸上画线或打印出被测温度随时间变化的曲线。这就是电子电位差计自动测量、显示、记录被测电势的主要过程。

电子电位差计本质上是一种测量直流电势或电位差的显示仪表，可与热电偶、变送器或其他能将被测参数转换为直流电势的仪器配用。如果配用热电偶测量温度，要注意互相配套的问题。热电偶和电子电位差计的分度号必须一致，仪表的外形尺寸、记录方式、走纸速度、测量范围等，应按实际测量要求选择。

国产电子电位差计按其外形结构及功能(指示、记录、调节)可分为十几个系列，每个系列大致可分为几个基型品种，每个基型品种按测量线路的不同，又可分为几种主要类型。这些品种类型中，就其形状大小而言，有大、中、小三种，每一种按记录纸形式又有长图与圆图之分。记录方式有笔式与打点式两种，圆图记录纸的记录方式为笔式单点，长图记录纸则笔式及打点二者兼有之。在笔式记录中，又有单笔及双笔之分，单笔在某一瞬时只能记录一点数值，双笔则可记录两点数值。打点式记录方式又分单点与多点，单点只能记录一点的数值，多点则通过仪表中的转换装置，可轮流记录多点数值。记录纸的传送由同步电动机驱动，中间用齿轮箱减速，在长图记录的电子电位差计中，依靠减速比的变更，可以改变走纸速度，但圆图记录的走纸速度通常是不变的(一般是 1 周/昼夜)。此外，电子电位差计还可带有各种附加装置，例如自动控制装置(位式控制、程序控制或比例、积分、微分控制等)和信号报警、连锁装置等，可根据使用的需要自由选择。

10.2.3 自动平衡电桥式显示仪表

自动平衡电桥式显示仪表是与电阻类传感器(如热电阻、湿敏电阻、压敏电阻等)配套使用，对被测量(如温度、湿度、压力等)进行指示及记录的装置。自动平衡电桥与电子电位差计比较，除测量元件及测量桥路不同外，其他部分基本相同。

自动平衡电桥的测量桥路与电子电位差计的相似，一个与配接热电偶的自动平衡电桥如图 10-9 所示。图中，R_5 是量程电阻，R_6 为确定仪表起点的电阻，R_1 为连接导线的等效电阻。为减小环境温度变化时连接导线电阻的变化所引起的测量误差，采用三线制连接法。

当热电阻的温度处于仪表标尺始点温度值(通常为 0℃)时，其电阻值为 R_{t0}，滑动触点 A 的位置在滑线电阻 R_P 的起始端(左端)，电桥相对两臂电阻值的乘积相等，即 $(R_{t0}+R_1+R_6+R_N)R_3 = R_4(R_1+R_2)$，电桥平衡，无不平衡电压送到放大器，可逆电机不转动，仪表指针指示在标尺的起始温度值。

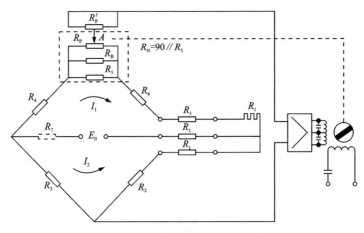

图 10-9   自动平衡电桥的测量桥路

如果被测量的温度升高而使热电阻的阻值增大为 R_t，则电桥将失去平衡，并将有不平衡电压送到电子放大器，使可逆电机运转，带动滑动触点 A 右移，改变等效电阻 R_N 在上支路两相邻桥臂中的阻值比例直至电桥再次平衡，电机停转，仪表指针停留的位置即指示了相应的被测温度值。同理，当被测温度达到仪表测温上限时，热电阻的数值最大，滑动触点 A 将移到 R_N 的终端(右端)，仪表指针亦指示在标尺的上限温度值的位置。

供桥电源有直流和交流两种，直流电源电压为 1 V，交流电压为 6.3 V。交流电桥应在电源支路中串入限流电阻 R_7，以保证流过热电阻及各桥臂电阻的电流不超过允许值；直流电桥则不用 R_7。

自动平衡电桥与电子电位差计在外形结构上十分相似，许多基本部件完全相同。但它们终究是不同用途的两种模拟式显示仪表，其主要区别如下：

(1)配用的检测元件不同。自动平衡电桥在测温时与热电阻相配用；电子电位差计则配接热电偶，但它如与能输出直流电势信号且具有低输出阻抗的传感器相配合，亦可用来测量其他参数。

(2)作用原理不同。当仪表处于平衡时(此时可逆电机停转)，自动平衡电桥的测量桥路亦处于平衡状态，测量桥路无输出；电子电位差计的桥路本身即处于不平衡状态，桥路有不平衡电压输出，只不过这一电压值与被测电势相补偿而使仪表达到了平衡状态罢了。

(3)测量元件与测量桥路的连接方式不同。用于测温时，自动平衡电桥的感温元件——热电阻，采用三导线接法接至仪表的接线端子上，它是电桥的一个臂；电子电位差计的感温元件——热电偶，使用补偿导线接到测量桥路的测量对角线上，它并非测量桥路的桥臂。

(4)用于测温时，电子电位差计的测量桥路具有对热电偶自由端温度进行自动补偿的功能，自动平衡电桥则不存在这一问题。

10.2.4   模拟式仪表的线性化

由于传感器或变送器的非线性，被测变量与传感器或变送器的输出信号之间往往并非线性关系。所谓线性化，就是对传感器或变送器的输出信号进行一定的处理，从而能使显示仪表的输出信号与被测变量保持线性关系。模拟式显示仪表的线性化可采用开环或闭环两种方式。开环式线性的原理如图 10-10 所示，即利用线性化器的非线性静特性来补偿检测元件或传感器的非线性，使显示仪表输出信号 U_0 与被测量 x 之间具有线性关系。

图 10-10　开环式线性化原理图

闭环式线性化原理如图 10-11 所示。即利用反馈补偿原理，引入非线性的负反馈环节，用负反馈环节本身的非线性特性来补偿检测元件或传感器的非线性，使 U_0 和 x 之间关系具有线性特性。

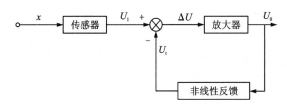

图 10-11　闭环式线性化原理图

10.3　数字式显示仪表

10.3.1　数字式显示仪表的分类及性能

按输入信号的不同，数字式显示仪表可分为电压型和频率型两大类。电压型的输入信号是连续的电压或电流信号，频率型的输入信号则是连续可变的频率或脉冲序列信号。按使用场合不同，数字式显示仪表可分为实验室用和工业用两大类。实验室用的有数字式电压表、频率表、相位表、功率表等，工业现场用的有数字式温度表、流量表、压力表、转速表等。

数字式显示仪表与模拟式显示仪表相比，具有测量准确度高、显示速度快以及没有读数误差等优点，在需要时，还可输出数字量与数字计算机等装置联用，因而在现代测量技术中得到了广泛应用。

数字式测量仪表的测量误差由模拟误差和数字误差两部分构成。前者是由仪表内部基准电压、测量线路及传感器特性等因素不稳定导致，后者是由模数转换过程中量化误差、零漂及噪声等因素引起。数字式仪表精度的表示方法有如下两种形式：

$$\Delta = \pm a\%X \pm nX_{\min} \tag{10-3}$$

$$\Delta = \pm a\%X \pm b\%X_{\max} \tag{10-4}$$

式中：Δ 为测量误差；X 为被测量的读数值；$X_{\min}$ 为测量仪表的分辨率，即数字式仪表最末一位数字跳变一个字所代表的量值；$X_{\max}$ 为测量仪表的满度值；a、b、n 均为系数。

例如，某 5 位数字电压表满量程 $U_m = 5$ V，分辨率为 0.0001 V，被测值 $U = 3.5$ V，

$a=0.02$，$n=1$，则最大测量误差为：

$$\Delta=\pm0.02\%\times3.5\pm0.0001=\pm0.0008\ \text{V} \tag{10-5}$$

目前数字式显示仪表的显示位数，一般为 3 位半到 4 位半，其准确度一般在±0.5%±1~±0.2%±1 个字之间，个别智能型仪表准确度在±0.1%±1~±0.2%±1 个字之间。由于数字式显示仪表的相对误差随着被测值的增加而减少，如用 2 V 量程的仪表去测量 0.2 V 的电压，则相对误差为满度 2 V 时误差的 4 倍；若测量 0.2 V 以下的电压，其误差将会更大。所以在使用中必须正确选择量程。

10.3.2　模-数转换

许多物理量经变换后，均可转换成相应的电量，这些电量大多是模拟量。表征模拟量的电信号可在其测量范围的低限与高限之间连续变化，且可在其间取任意的数值。表征数字量的电信号只能取两个离散电平的一个值，即"0"和"1"这两个二进制数中的一个状态。一定位数的二进制数可表达一个确定的被测量，也可以转变为人们熟知的十进制数。因而，被测量可以用足够位数的十进制数来表达其数值，即进行数字显示。例如，一个 3 位半的数字式显示仪表，它能表达的数字范围为 0~1999，即 2000 个离散的状态，且每一瞬间的数字显示值只能是 2000 个状态中的一个，而不能是其他任一状态。

所谓的模-数（A/D）转换就是要把连续变化的模拟信号转换为离散的数字信号。以热电偶测温为例，模-数转换就是要把热电势经线性化及放大处理的电压值转变为相应的温度数字值。实现 A/D 的方法及器件很多，分类标准也不一致，若从其比较原理来看，可划分为直接比较型、间接比较型和复合型三大类。

直接比较型 A/D 转换是基于电位差计的电压比较原理进行的，即用一个作为标准的可调参考电压 U_R 与被测电压 U_X 进行比较，当两者达到平衡时，参考电压的大小就等于被测电压。通过不断比较，不断鉴别，并在比较鉴别的同时将参考电压转换为数字输出，即实现了 A/D 转换。其原理如图 10-12 所示。

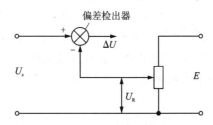

图 10-12　直接比较原理示意图

间接比较型 A/D 转换不是将被测电压直接转换成数字量，而是转换成某一中间量，然后再将中间量整量化转换成数字量。转换的中间量目前多数为时间间隔或频率两种，相应地，间接比较型 A/D 转换也有 U-T 型和 U-F 型之分。U-T 型 A/D 转换方法，即把被测电压转换成时间间隔的方法，主要包括积分比较（双积分）法、积分脉冲调宽法和线性电压比较法。使用最多的双积分型 A/D 转换原理如图 10-13 所示，它是把被测（输入）电压在一定时间间隔内的平均值转换成另一时间间隔,然后由脉冲发生器配合,测出此时间间隔内的脉冲数而得到数字量。

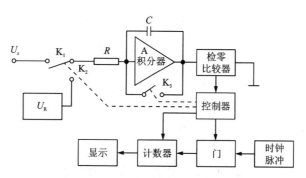

图 10-13　双积分型 A/D 转换原理框图

复合型 A/D 转换将直接比较型和间接比较型 A/D 转换这两种技术结合了起来。直接比较型一般精度较高,速度快,但抗干扰能力差;间接比较型一般抗干扰能力强,但速度慢,而且精度提高也有限。由于复合型 A/D 转换利用了它们各自的优点,因而精度高,抗干扰能力强,故也称为高精度 A/D 转换。

10.3.3　非线性补偿

数字式显示仪表的非线性补偿就是为使被测量与显示仪表的输出(数字)保持线性关系所采取的各种补偿措施。根据补偿措施与 A/D 转换之间的次序关系,数字式显示仪表的非线性补偿可分为模拟式非线性补偿、数字式非线性补偿和非线性模-数转换补偿三类。模拟式非线性补偿发生在 A/D 转换之前,与前面介绍的模拟式仪表的线性化在本质上是相同的,也可分为开环或闭环两种方式,此处不再赘述。数字式非线性补偿也发生在 A/D 转换之前,而非线性模-数转换补偿是在 A/D 转换的同时进行非线性补偿,本节主要介绍这两种方法。

数字式线性化是在模-数转化之后,通过系数运算而实现线性补偿。基本原则是"以折代曲",即将不同斜率的斜线乘上不同的系数变为同一斜率的线段,从而达到线性化的目的。

以一个与热电偶配接的数字式显示仪表为例,假定热电偶的热点特性如图 10-14 所示的第 Ⅰ 象限的 OD 曲线(横坐标表示被测温度,纵坐标表示热电势值),计数器的静态特性如图所示的第 Ⅱ 象限的 OG 曲线。

非线性特性 OD 曲线可以用折线 OABCD 逼近,这样每段折线的斜率都不相同,但如果以 OA 折线为基础,其他各折线的斜率分别乘以不同的系数,就能与 OA 段的斜率相同,然后以 OA 段为基础进行转换,就达到了线性化的目的。

变系数运算的逻辑原理如图 10-15 所示。图中的系数控制器及系数运算器等组成的数字线性化器,按照图示逻辑原理可以实现变系数的自动运算。

由图 10-14 可知,当输入信号为第一折线 OA 时,系数控制器使系数运算器进行乘 K_i 运算,计数器的输出脉冲可以计为:

$$N_1 = CK_1U_1 \tag{10-6}$$

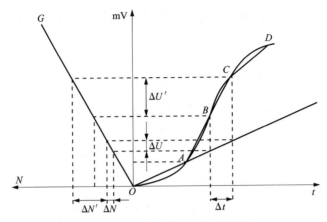

图 10-14 数字式线性化原理示意图

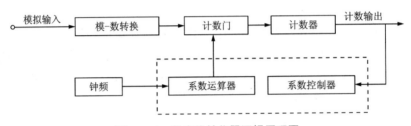

图 10-15 数字线性化器逻辑原理图

式中：C 为计数器常数；U_1 为输入信号，一直到 N_1 结束 N_2 开始之前，均进行乘 K_1 运算。当计满 K_1 需切换至 AB 段时，计数器发出信号至系数控制器，使系数运算器进行乘 K_2 运算，计数脉冲又可计为：

$$N_2 = C[K_1 U_1 + K_2(U_2 - U_1)] \tag{10-7}$$

依次下去，若有 n 段折线，则计数器所计脉冲数可计为：

$$N_n = C[K_1 U_1 + K_2(U_2 - U_1 + \cdots + K_n(U_n - U_{n-1})] \tag{10-8}$$

通常取第一折线段作为全量程线性化的基础段，即 $K_1 = 1$，这样，一个非线性的输入量就能作为近似的线性来显示了。显然，精确的程度取决于"以折代曲"的程度，折线逼近曲线的程度越好，所得的线性度也就越高。

A/D 转换线性化方法是在 A/D 转换过程中同时进行线性化处理的方法。如利用 A/D 转换后的不同输出，经过逻辑处理后发出不同的控制信号，反馈到 A/D 转换网络中去改变 A/D 转换的比例系数，使 A/D 转换最后输出的数字量 N 与被测量 x 呈线性关系。

10.3.4 信号标准化及标度变换

由检测元件送来的信号的标准化和标度变换是数字式显示仪表设计中必须解决的基本问题，也是数字信号处理的一项重要任务。由于被测物理量和相应的检测元件多种多样，因此，一次仪表的输出信号类型和性质千差万别。以测温为例，用热电偶作为测温元件，一次仪表输出的是电势信号；以热电阻作为测温元件，输出的是电阻信号；而采用温度变送器时，其输出又变换为电流信号。即使输出信号类别相同，其强弱往往也差距巨大，部分传感器输出的电压信号高达伏级，而有的低至微伏级。因此，必须将这些性质与取值范围不同的信号统一起来，这就叫输入信号的规格化，或者称为参数信号的标准化。

标准化信号可以是电压、电流或气压等形式的信号，但由于电信号变换方便且更容易数字化，因此，大多数情况下都将各种不同的信号变换为电压或电流信号。我国目前采用的标准电流信号有两种：一种是 4~20 mA DC，适用于标准的III型仪表输出信号；一种是 0~10 mA DC，适用于标准的II型仪表输出信号。直流电压有 0~10 mV、0~30 mV、0~40.95 mV、0~50 mV 等多种。使用较高的统一信号电平能适应更多的变送器，可以提高对大信号的测量精度；采用较低的统一信号电平，则对小信号的测量精度高。所以，统一信号电平高低的选择，应根据被显示参数信号的大小来确定。

数字式显示仪表的输出往往要求用被测参数的形式显示，例如温度、流量、压力和物位等，这就存在一个量纲还原问题，通常称之为"标度变换"。标度变换可以在模拟部分进行，也可以在数字部分进行，前者称为模拟量的标度变换，后者称为数字量的标度变换。图 10-16 为一般数字仪表组成的原理性框图。

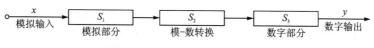

图 10-16　数字仪表的标度变换

其刻度方程可以表示为：

$$y = S_1 \cdot S_2 \cdot S_3 \cdot x = S \cdot x \tag{10-9}$$

式中：S 为数字式显示仪表的总灵敏度或称标度变换系数；S_1、S_2、S_3 分别为模拟部分、模-数转换部分、数字部分的灵敏度或标度变换系数。

标度变换可以通过改变 S 来实现，并可使显示的数字值的单位和被测变量或物理量的单位相一致。

10.4　显示仪表发展趋势与新型显示仪表

10.4.1　显示仪表发展趋势

早期应用的显示仪表以模拟式为主，随着仪表技术的发展，数字式显示仪表由于具有精度高、易于读数等优点，在各领域的应用越来越广泛，在全系列上逐渐取代模拟式显示仪表。近年来，计算机、网络及图像显示等新技术不断融入显示仪表，显示仪表的功能越来越强大，呈现出如下发展趋势。

（1）数据存储与处理能力不断增强。随着微机技术的进步，微机在功能日益强大的同时体积亦在不断缩小，使得微机更容易集成入显示仪表，含有微处理器或微机的显示仪表被称为智能仪表。传统仪表通常仅仅是将被测量以模拟信号或数字信号的形式显示出来，智能化的新型显示仪表不仅能显示当前的测量结果，而且借助于内置微机强大的数据存储和处理能力，还能够存储大量的历史数据，并对历史数据进行统计分析，预测未来变化趋势等，功能更为强大。

（2）测量结果显示形式多样化、友好化。传统显示仪表结果显示的形式相对单一和呆板，随着现代显示技术在显示仪表中的应用，一些新型显示仪表配置了较大的显示屏，甚至直接使用电脑通用的 CRT 显示屏和 LCD 显示屏，以指针、图线、颜色、数字、文字等多种形式显示测量结果，既能保证显示结果的准确性，也使得结果更为直观和生动，显示形式更为多样和友好。

（3）测量结果网络传输功能日益强大。网络化是显示仪表的另一个重要发展趋势。随着各种现场总线系统的出现和应用，市场上已出现了大量的可接入系统的现场总线仪表。这类仪表带有通用或专用的数据通信接口，在显示测量结果的同时，还可高效完成数据传输，保证相关监控系统的信息集成。

10.4.2　新型显示仪表

新型显示仪表并无准确定义，一般是指集成运用了微处理技术、新型显示技术、数据存储技术等技术的显示仪表，具有使用方便、观察直观、功能丰富、可靠性高等优点。新型显示仪表的种类繁多，屏幕式显示仪表、无纸记录仪和虚拟显示仪表等均属于新型显示仪表。

屏幕式显示显示仪表综合运用了微处理器和新型显示技术，其兼具模拟显示和数字显示的优点，既能显示机器工作过程中的某一特定参数和状态，又能显示其模拟量值和趋势，还能通过图形和符号显示机器工作状态及各有关参数，是一种功能综合性的信息显示装置，具有重要的用途和广泛的发展前景。

无纸记录仪以 CPU 为核心，控制数据的采集、显示、打印、存储、报警等，其采用液晶显示装置，完全摈弃了传统记录仪的机械传动、纸张和笔。并且精度高，性价比比较高。

虚拟显示仪表是利用计算机来完成显示仪表的所有工作。在计算机屏幕上完全模仿实际使用中的各种仪表，如仪表面盘、操作盘、接线端子等。用户通过计算机键盘、鼠标或触摸屏即可进行操作。

思考题与习题

1. 显示仪表有哪几种类型？各有何特点？
2. 简述电子电位差计的工作原理。
3. 电子电位差计与自动平衡电桥有何异同。
4. 什么是线性化？为什么要进行线性化处理？
5. 模拟式仪表线性化有哪两种方式？画出其原理方框图，并说明其原理。
6. 数字显示仪表主要由哪几部分组成？各部分有何作用？
7. 数字显示仪表有何特点？
8. A/D 转换器有何作用？有哪些类型？各有何特点？
9. 要实现逐次比较 A/D 转换，必须具备哪些条件？
10. 什么是标度变换？如何实现？

第 11 章　智能仪表与软测量技术

智能仪表与软测量技术均诞生于 20 世纪 80 年代,都是计算机、数字信号处理等新兴技术与传统仪器技术相互渗透融合的产物。近几十年来,随着微电子技术和计算机技术的飞速发展,智能仪表和软测量技术均得到了较快的发展,而且在发展中,二者互相促进,在各个领域的应用越来越广泛,呈现出广阔的发展前景。本章将对智能仪表、软测量技术的基本概念、技术特征等进行介绍。

11.1　智能仪表与软测量技术的相关概念

20 世纪 80 年代,微处理器被置入仪器仪表中,使得仪器仪表不仅能够解决传统仪表不能解决或不易解决的数据处理问题,而且能够实现记忆存储、逻辑判断、自诊断等人类独有的一些智能工作。这种新兴的、含有微处理器的仪器仪表被称为智能仪表或智能仪器。在我国,"仪器"与"仪表"两个词无本质区别,国内多数文献都对其不加区别地使用,也有学者认为:仪表特指测量仪器,而仪器具有更广泛的内涵,既包括测量仪器也包括控制仪器。本章对这两个概念不加区别,但侧重于介绍测量仪器。

最早出现的智能仪表,其内置的微处理器或计算机是仪表专用的,传感器和显示装置往往也是专用的,仪表自成一体,但通常又可以通过接口和总线与键盘、通用显示器等外设进行交互。后来,随着人们对仪表数据处理能力、通用性等方面需求的提高,出现了以通用计算机或个人计算机为核心的智能仪表。这类智能仪表的传感器、显示装置和计算机往往是相互独立和分离的,因此,微处理器芯片的体积受到的制约少,功能可以更为强大。为了与微处理器内置式的智能仪表区分,这类仪表被称为微机扩展式智能仪表,又被称为虚拟仪表。

基于通用计算机的虚拟仪表往往可以同时配接多种传感器,形成功能强大的测量、测试系统,从一定意义上讲,虚拟仪表并不是传统意义上的单体仪器仪表,而是一个测量、测试系统。因此,有学者提出了智能仪表的新定义,即以微型计算机系统为核心的测量或测控系统。

智能仪表分类的方式有很多,也没有统一的标准。按计算机或微处理器与仪表的集成方式,可分为微机内置式智能仪表(通常称为智能仪表)和微机扩展式智能仪表(虚拟仪表)两大类;按照功能,可以分为智能测量仪表(包括分析仪器)、智能控制仪表和智能执行仪表等；按其智能化程度，可大致分为初级智能仪表、中级智能仪表和高级智能仪表三类。

依据智能化程度做的分类并不是绝对的，相邻两类之间有重叠。初级智能仪表借助于计算机或微处理器的数据存储和处理能力，具有了拟人的记忆、存储、运算、判断及简单的决策功能，可以实现自校准、自诊断、人机对话等功能，但没有自学习、自适应功能。最早出现的微处理器内置式智能仪表可归于这一类。中级智能仪表中融入了数学建模、人工智能、软测量等理论和技术，具有了自学习、自适应等更高级的智能。例如，仪表能够根据传感器感知的历史数据构建被测对象数学模型，或/并能够根据环境、干扰以及仪器仪表的参数变化对相关模型进行修正。目前，一些虚拟仪器的智能已达到这个级别。高级智能仪表融入了最先进的人工智能技术，具有类似人类的自适应、自学习、自组织、自决策、自推论的能力，是智能仪表的发展方向和目标。

软测量技术在20世纪80年代中后期作为一个概括性的科学术语被提出，自此以后，有关软测量技术的研究异常活跃，智能仪表的发展也为软测量技术的实现奠定了硬件基础，现在软测量技术的应用日趋广泛，几乎渗透到了工业领域的各个方面，已成为过程检测与仪表技术的主要研究方向之一。

软测量技术的基本实现原理及基本过程为：运用测量仪表较易测量的辅助变量（或称为二次变量）；依据这些辅助变量与难以直接测量的待测变量（称为主导变量）之间的数学关系（称为软测量模型）计算获取主导变量。因此，软测量技术通常是在成熟的硬件传感器基础上，以计算机技术为核心，通过软测量模型运算处理而完成的。

11.2　智能仪表的结构体系

11.2.1　微机内置式智能仪表的结构体系

智能仪表由硬件和软件两大部分组成：硬件部分包括主机电路、过程输入/输出通道（模拟量输入/输出通道和开关量输入/输出通道）、人机联系部件和接口电路以及串行或并行数据通信接口等；软件通常包括监控程序、中断处理（或服务）以及实现各种算法的功能模块。

微机内置式智能仪表的硬件构成如图11-1所示，虚线包围部分即智能仪表本体。仪器内部采用高总线结构，存储器、测量电路、传感器、专用输入/输出设备均通过内部接口挂接在总线上，微处理器按地址对它们进行访问。通过外部接口，可以链接键盘、显示器或上位机等外围设备，目前智能仪表的外部接口普遍采用IEEE-488等现场总线接口。由图11-1可知，微机内置式智能仪表具有典型的计算机结构。但与一般计算机相比，一方面是多了测量电路和传感器；另一方面，智能仪表的内置微处理器往往是专用的，仅需完成特定的数据处理任务。

微机内置式智能仪表的软件通常可分为准备程序、功能程序和系统控制程序三部分。准备程序完成系统键操作之前的准备工作，包括初始化（将系统中所有的命令、状态以及有关的存储单元置位成初始状态）、系统测试（利用测试程序检查程序存储器、数据存储器以及硬件功能是否正常）、功能键扫描等待等。功能程序是微处理器内置式智能仪表软件的核心，

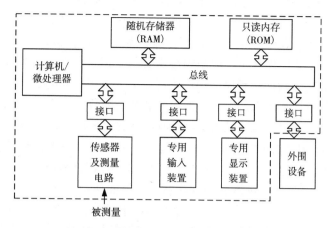

图 11-1　微机内置式智能仪表的硬件构成

主要完成对测量数据的处理以及对外设的操作等。系统控制程序负责控制程序的流向，主要解决应用程序中的循环转移以及功能程序中的分支选择。微机内置式智能仪表的软件一般是只读的，不允许用户修改。

11.2.2　虚拟仪表的结构体系

虚拟仪表的硬件平台主要包括计算机和数据采集系统，如图 11-2 所示。虚拟仪表常用的数据采集系统有 PC-DAQ 系统、GPIB 系统、VXI 系统、PXI 系统等，以及它们之间的任意组合，不同数据采集系统采用的接口总线不同。虚拟仪表中计算机与数据采集系统的连接方式可分为内插卡式和外接机箱式两大类。内插卡式就是将各种数据采集卡插入计算机扩展槽，再加上必要的连接电缆或探头，就可形成一个仪器，PC-DAQ 系统即属于此类。外接机箱式采用背板总线结构，所有仪器都连接在总线上或采用外总线方式，用外部主控计算机来实现控制，GPIB 系统、VXI 系统以及 PXI 系统均属于此类。

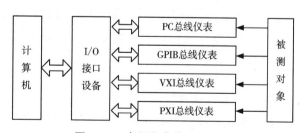

图 11-2　虚拟仪表的硬件构成

由图 11-2 可知，虚拟仪表不是传统意义上的单体仪器，而是一个可能包含有多个测量仪表和数据处理系统的测量系统。因此，采用总线技术的虚拟仪表也被称为分布式测量系统的一个实现方案。虚拟仪器可同时配接多种检测仪表，带有相应总线接口的微机内置式的智能仪表常常作为虚拟仪表底层的数据采集装置使用。与微机内置式的智能仪表相比，虚拟仪表的数据采集能力、数据处理能力以及可扩展性均有很大提高。

软件是虚拟仪器的核心，虚拟仪器的软件可以分为多个层次，主要包括仪器驱动程序、应用程序和软面板程序。仪器驱动程序主要用来初始化虚拟仪器，设置特定参数和工作方式，使虚拟仪器保持正常工作状态。应用程序主要用来定义虚拟仪器的功能，对输入计算机的数据进行分析和处理。软面板程序为虚拟仪器提供了与用户的接口，它可以在计算机屏幕上生成一个与传统仪器面板相似的图形界面，用来显示测量结果等，还可以生成形如模拟传统仪器的开关和按钮，供用户通过鼠标实现对虚拟仪器的各种操作。

虚拟仪器软件的开发方法可以分为两种：一种是使用 C、C++等通用编程语言和 Visual C++、Visual Basic 等通用编程软件开发；另一种是采用 LabVIEW 等虚拟仪表开发专用软件开发。LabVIEW 等专用软件中包含有仪器驱动程序样板、仪器驱动程序支持库、核心仪器驱动程序、常用显示界面模块等，为虚拟仪表软件开发提供了简单、方便、完整的环境和工具，使虚拟仪表软件开发人员不必从底层程序写起，大大减轻了软件开发人员的工作强度。一般而言，同传统的编程语言相比，采用 LabVIEW 等专用软件编写虚拟仪表程序可以节省大约80%的开发时间。

11.3　智能仪表的典型功能

11.3.1　非线性补偿

智能仪表的信号源头仍然是传感器，在这一方面，智能仪表和传统的模拟仪表、数字仪表是相同的，因此，在智能仪表中仍要对传感器的非线性输入-输出特性进行补偿。智能仪表的非线性补偿可以在模-数转换之前，运用模拟仪表非线性补偿的方法实施；也可以在模-数转换过程中或之后，运用数字仪表非线性补偿的方法实施；此外，还可以通过软件在智能仪表的微处理器中的运行实现。智能仪表非线性补偿的软件实现方法有多种，本节重点介绍反函数法和线性插值法。

反函数法的基本思想是构造非线性环节的反函数，并依据该反函数对输入信号进行变换，从而使变换后的信号和被测量形成线性关系。假定智能仪表的传感器的输入-输出满足如下函数关系：

$$u = f(x) \tag{11-1}$$

式中：u 为传感器的输出信号；x 为传感器的输入信号，即被测信号；f 为非线性函数。反函数法据此可构造非线性函数 f 的反函数 f^{-1}，并在智能仪表应用软件中实现，即：

$$z = f^{-1}(y) \tag{11-2}$$

式中：z 为非线性补偿后的输出信号；y 为微处理器接收到的测量信号，如果测量环节除传感器外不存在其他非线性环节，$y \propto u$。显然，经过非线性补偿后的信号与被测信号呈线性关系，即：

$$z \propto x \tag{11-3}$$

反函数法要求非线性环节的输入-输出函数具有明确的解析形式，一方面，对诸多传感器而言, 这一要求太过苛刻; 另一方面, 对于部分微机内置式智能仪表, 其所用芯片的数据处理能力相对较弱, 复杂的非线性函数在实现上具有一定难度。因此, 实际使用更多的是线性插值法。

线性插值法的基本思想是对非线性环节的输入-输出特性进行分段线性化。假定某智能仪表的传感器的输入-输出曲线如图 10-3 所示, 图中横坐标表示传感器的输入信号(即被测信号), 纵坐标表示传感器的输出信号。线性插值法并不试图求出传感器的输入-输出特性函数的反函数, 因此, 它也不需要传感器的输入-输出特性函数的数学解析式。线性插值法只是对传感器的输入-输出曲线进行分段, 而后在每个段上以直代曲。显然, 区段划分越细致, 以直代曲的误差就越小。

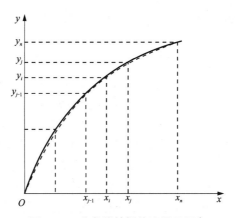

图 11-3 分段线性插值法原理示意

由于采取了以直代曲的策略, 在任意区段上, 传感器的输入-输出关系均可表示为线性函数。例如在 $[x_{j-1} x_j]$ 上, 传感器的输入-输出关系可表示为:

$$y = f_j(x) = y_{j-1} + (x - x_{j-1})\frac{x_j - x_{j-1}}{y_j - y_{j-1}} \tag{11-4}$$

由于是线性关系, 传感器在区间 $[x_{j-1} x_j]$ 上的输入-输出特性函数的反函数易于求得和实现:

$$z = f_j^{-1}(y) = x_{j-1} + (y - y_{j-1})\frac{y_j - y_{j-1}}{x_j - x_{j-1}} \tag{11-5}$$

显然, 经过如式(11-5)所示的非线性补偿后的信号与被测信号呈线性关系。

由以上分析可知, 反函数法和线性插值法并无本质的区别, 二者事实上均要获得非线性环节的输入-输出特性特征。不同的是, 反函数法需要获得在整个取值范围内非线性环节的输入-输出特性函数解析式, 而线性插值法仅需要输入-输出曲线。获取函数解析式需要准确理解非线性环节的信号转换机制, 而获取特性曲线仅通过实验即可获取, 因而后者更为容易。从算法的实现难度上看, 反函数法常常需要构造复杂的非线性函数, 而线性插值法的转换函数为线性的, 因此后者对微处理器的要求更低, 也更容易实现。

分段线性插值的分段方法可分为等距分段法和变距分段法两种。等距分段法沿坐标系横轴(通常表示非线性环节的输入量)等距划分, 这种方法计算简单, 但是各段的线性化误差不相等。变距分段法沿坐标系横轴非等距划分，这种方法是根据局部非线性程度来确定局部段距，非线性程度大的区域采用小段距划分，非线性程度小的区域采用大段距划分，从而保证各段的非线性误差大致相同。

11.3.2　数字滤波

被测信号往往会因为受到某些干扰而混杂噪声，传统仪器一般是通过不同类型的硬件滤波器滤除噪声信号。由于智能仪表中包含有微处理器，因此，可以通过软件程序消除或降低噪声对测量信号的影响，这种滤波方式称为数字滤波。数字滤波具有硬件滤波的功效，却不需要增加硬件设备，不仅有利于仪表生产成本的降低，也有利于仪表的小型化。因此，智能仪表通常具有数字滤波功能。数字滤波方法有多种，本节重点介绍中值滤波、平均值滤波和低通数字滤波等常用方法。

中值滤波就是对被测参数连续采样多次（次数一般选为奇数），然后将这些采样值进行排序并选择中间值（又称中位数）作为测量结果。中值滤波对去掉脉冲性质的干扰比较有效，并且采样次数越大，滤波效果越好，但采样次数太大会影响测量速度，尤其是当被测参数变化较快时，故一般取 3 或 5。对于变化较慢的参数，采样次数可适当增大。

平均值滤波是对被测参数连续采样多次，然后求出这些采样值的算术平均值，并以此作为测量结果。平均值滤波的采样次数通常取 4~16，显然，平均值滤波的效果也随采样次数的增大而提高，但灵敏度会有相应下降。算术平均值滤波简单实用，但是当测量信号中混入较大的脉冲噪声时，测量结果会存在较大误差。为了提高滤波效果，在算术平均值滤波的基础上又发展出了一些改进方法，如去极值平均值滤波、加权平均值滤波等。

去极值平均值滤波方法的目的是提高对强随机干扰的抑制能力，其基本过程是：对被测量连续采样多次，从采样值中剔除最大值和最小值，然后对剩余的采样值进行算术平均并以计算结果作为测量结果。

算术平均值滤波和去极值平均值滤波均未考虑采样信号的时效性，当被测量持续变化时，这些方法会导致结果滞后，而且可能会导致测量信号中高频分量的失真。加权平均值滤波法在进行滤波运算时对各采样值按不同的加权系数，求其加权平均数并以此作为测量结果。加权系数的设置方法有很多，一般先小后大，即采用时间越早的加权系数越小，这样增强了最新采样值对测量结果的影响，有利于使测量结果反映被测对象的最新状况。

低通数字滤波法用软件程序的方式实现了类似硬件一阶 RC 低通滤波器的功能。一阶 RC 电路的传递函数可以写为：

$$G(s) = \frac{Y(s)}{X(s)} = \frac{1}{\tau s + 1} \tag{11-6}$$

式中：$\tau = RC$，为滤波器的时间常数；R、C 分别为一阶 RC 电路中的电阻值和电容值。该式所表示的系统离散化后，其时域特性可描述为如下差分方程：

$$y(n) = \alpha x(n) + (1-\alpha)y(n) \tag{11-7}$$

式中：$x(n)$ 为当前时刻对应的采样值；$y(n)$ 为当前采样时刻对应的滤波器输出值；$y(n-1)$ 为前一采样时刻对应的滤波器输出值；α 为滤波平滑系数，可按下式计算：

$$\alpha = 1 - e^{-\frac{T}{\tau}} \tag{11-8}$$

式中：T 为采样周期。由于采样周期 T 通常远小于滤波器的时间常数 τ，故 α 通常远小于 1。结合式(11-7)可以看出，滤波器的当前输出值主要取决于上次滤波器的输出值，本次采样值对滤波输出值的贡献较小，这就模拟具有了低通滤波器的功能特征。低通数字滤波对于滤除变化非常缓慢的被测信号中的噪声信号是很有效的。

在智能仪表数字滤波器的设计和开发中，为了获得更好地去噪效果，可以综合采用两种甚至更多的滤波方法，这种将多种方法综合使用的滤波一般称为综合滤波法或复合滤波法。

11.3.3　仪表自校准

由于外部环境、内部元器件特性等因素的变化，测量仪表信号转换特性可能会随着使用时间的增长而有所变化，这也会导致测量仪表的误差变大。因此，为了保证测量精度，测量仪表通常需要定期校准。传统仪表的校准工作需要人工进行，耗时费力；而智能仪表利用其微处理器和软件，可以自动完成部分校准工作。本节将以如图 11-4 所示的转换电路为例，说明智能仪表自校准的原理。

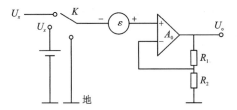

图 11-4　基于运放的电压转换电路

图中，ε 为由于温漂、时漂等造成的运算放大器的等效失调电压，U_x 为被测电压，U_s 为基准电压，A_0 为运放开环增益，R_1、R_2 为分压电阻。当开关 K 接于 U_x 时，运放输出为：

$$U_o = A_0 \left[(U_x + \varepsilon) - U_o \frac{R_2}{R_1 + R_2} \right] \tag{11-9}$$

令 $P = (R_1 + R_2)/R_2$，上式可变换为：

$$U_o = \frac{P}{1 + P/A_0}(U_x + \varepsilon) \tag{11-10}$$

由式(11-10)可知，如图 11-4 所示的电压转换电路的输入-输出特性由 P、A_0 和 ε 共同决定，如果这三个参数由于某种原因发生了变化，则电路的输入-输出特性将发生变化，通俗地讲，就是即使在同样的输入电压下，输出电压也会发生变化，即产生系统误差。为了使基于上述转换电路的测量仪表保持精度，智能仪表可以利用微处理器中的软件进行自动的定时校准。

由图 11-4 可知，输入端开关接通 U_x、U_s 或大地时，对应的输出电压分别为：

$$U_{ox} = \frac{P}{1 + P/A_0}(U_x + \varepsilon) \tag{11-11}$$

$$U_{os} = \frac{P}{1 + P/A_0}(U_s + \varepsilon) \tag{11-12}$$

$$U_{oz} = \frac{P}{1+P/A_0}\varepsilon \qquad (11-13)$$

由上述三式可得：

$$U_x = \frac{U_{ox}-U_{oz}}{U_{os}-U_{oz}}U_s \qquad (11-14)$$

智能仪表的自校准功能就是基于以上原理，其基本过程为：首先，通过程序控制输入端开关分别接通 U_x、U_s 和大地，测得并保存相应的输出电压 U_{ox}、U_{os}、U_{oz}；然后，依据式(11-14)计算被测变量。

式(11-14)中未包含 P、A_0 和 ε 三个参数，即使这三个参数发生变化也不会影响测量结果的准确性。因此，智能仪表的自校准功能事实上修正了由这三个参数变化导致的测量误差。

由于测量仪表内部的信号转换机制以及导致仪表产生系统误差的因素多种多样，智能仪表自校准的具体原理和实现方式也有很大不同，但一个重要因素是必须有一个或多个稳定的标准信号源(如前述系统中的 U_s)。

具有自校准功能的智能仪表通常可以克服环境因素、零点漂移等因素对测量精度的影响，仪表的满度量程可以按照测量信号的大小自动调整。智能仪表的自校准可以灵活设定，可以定时进行，也可以按照巡检测量次数进行。

11.3.4 其他功能

除前述分析的几项功能外，智能仪表通常还具有如下功能：

(1)自诊断功能。智能仪表通常采用查询方式，轮巡检查各个输入/输出接口和传感器的状态，及时发现短路、断路等故障，并显示故障部位和故障信息，提高了仪表的可靠性。

(2)定时功能。智能仪表一般都包含硬件时钟，因此，智能仪表的一些功能可以设定成定时执行的模式。定时方式有硬件定时和软件定时两种，前者是直接利用时钟电路定时，定时精度高；后者则是通过软件编程定时，定时精度相对较低，但实现更为简单。

(3)通信功能。智能仪表一般都设有通信接口，智能仪表可以通过现场总线与上位机和其他智能仪表构成功能强大的监控系统。

11.4 智能仪表的通信技术

11.4.1 仪表的通信

单独一个测量仪表是无法完成复杂的测试任务的，为了高效实现复杂的测试，近代出现了自动测试系统(automatic test system，ATS)。自动测试系统是一种可以自动完成特定测试任务的仪器系统，它以计算机为核心，通过计算机程序控制相关检测仪表和装置并进行数据处理，直至以适当方式给出测试结果。在测试任务的执行过程中，测量仪表与计算机以及其他仪表之间的通信必不可少,测量仪表(可能有多个)需要向计算机传输数据,计算机也需要向测量仪表发送相关指令。

在模拟仪表时代,仪表与计算机的通信一般是依靠两芯电缆、数-模转换、模-数转换以及相应的接口装置完成。测量仪表输出的 4~20 mA 的测量信号通过一根两芯电缆输送至模-数转换装置,转换为数字信号后送至计算机;而计算机对测量信号发送的控制信号(数字信号),先经过数-模转换,通常也是转换为 4~20 mA 的电流信号,再通过另一根两芯电缆发送至仪表。这种单向的通信模式需要布置的通信线路多,而且通信质量差(模拟信号容易受到干扰),传输效率低。随着数字仪表、智能仪表的出现,这种通信技术已逐渐被高效的现场总线技术取代。

现场总线是一种数字数据通信链路,它沟通了现场仪表之间以及它们与高层次控制中心(计算机)之间的联系。现场总线是一种全数字、双向、多站的通信技术,是解决现场仪表与控制室计算机之间通信问题的高效解决方案。现场总线技术的应用,也使得自动测试系统的搭建与功能的实现更为高效。假定一个自动测试系统的主体部分包含 4 台测量仪表和 1 台计算机,若采用传统的模拟通信技术,即使不考虑计算机对测量仪表的控制功能,也需要布置4 根两芯电缆,并另需配置模-数转换、数-模转换、隔离等附属装置,而若采用现场总线技术,则仅需 1 根总线即可满足要求。而且,现场总线由于信号保真能力更强,传输速度也更快。自动测试系统越复杂,现场总线的技术优势就越明显。

智能仪表目前在用的总线技术有 GPIB、VXI、PXI、LXI(LAN eXtensions for Instrumentation)等多种,本节将对部分总线技术进行介绍。

11.4.2 GPIB 总线

GPIB(General Purpose Interface Bus,通用接口总线),又称为惠普接口总线(HP-IB)和IEEE 488 总线,诞生于 20 世纪 60 年代,由惠普开发(当时称为 HP-IB),是用于连接和控制惠普制造的可编程仪器。1975 年,美国电气与电子工程师学会(IEEE)发布了 ANSI/IEEE 标准 488-1975,即用于可编程仪器控制的 IEEE 标准数字接口,包含了接口系统的电气、机械和功能规范。GPIB 总线目前在全世界范围内已经被广泛使用。

GPIB 是一个数字化的 24 管脚并行总线,采用位并行、字节串行的异步通信方式,数据以字节为单位通过 GPIB 总线顺序传送,传输速率可达 1 MB/s,遵循 IEEE488 标准。GPIB 总线的 24 条信号线包括 8 条双向数据线、5 条控制线、3 条通信联络线(握手线)、8 条地线和屏蔽线。8 条数据线并行传输 8 位数据,5 条控制线控制总线的进程,3 条通信联络线保证异步传输的可靠性。挂在 GPIB 总线上的仪器按作用不同可分为控者、听者和讲者:控者负责协调每个仪器并管理系统通信,一般由计算机充当;讲者是系统中发送数据的仪器;听者是系统中接收讲者发来数据的仪器。每次通信中,系统只能有 1 个控者、1 个讲者和最多 14 个听者。

通过 GPIB 总线将计算机、接口卡和程控测量仪器链接而成的自动测试系统,如图 11-5,通常被称为 GPIB 系统。GPIB 系统最多可挂接 15 台程控仪器,系统中任何两台设备之间的距离不应超过 2 米,系统中总线电缆线的总长度不应超过 20 米。可以使用接口延伸器来扩展通信距离,但在此情况下,数据的传输速率会下降。GPIB 系统中的每个设备都配备了一个地址，GPIB 接口卡的地址为 0，各程控仪器的地址在 1~30 范围内设置。

GPIB 测试系统的主要优点包括：①可实现点到多点的传输，可挂接多台程控仪器；②有相对确定的传输速率，确保信息的完整性和保密性；③起步早，许多仪器供应商都可提供大量包含 GPIB 的仪器，相对于 VXI 等其后出现的现场总线仪表有更好的安装基础，在相同的性能水平上通常也更便宜。当然，GPIB 相对于其后发展起来的 VXI 等总线系统也存在一些劣势，主要表现在：①能够挂接的程控仪表最大数量(15 台)相对较小；②数据传输速率相对较低，最大传输速率为 1 Mb/s；③很难组建体积小、质量轻的自动测试系统，对某些场合，特使是对体积、质量要求高的军事领域不适用；④无法提供多台仪器同步和触发的功能，在传输大量数据时带宽不足。

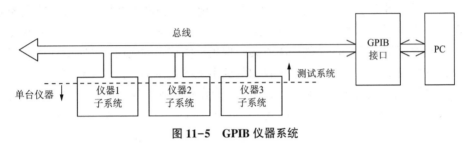

图 11-5 GPIB 仪器系统

作为测量总线领域第一个开放的、统一独立于仪器厂商的国际标准，GPIB 总线所产生的影响是非常深远的。其在诞生后的几十年中，依然保持着旺盛的生命力，目前全球带有 GPIB 接口的仪器超过了 5000 种，利用 GPIB 总线所构建的"机架堆叠式"(rack and stack)也仍然是 ATS 首选的体系结构。

11.4.3 VXI 总线

VXI(VMEbus eXtensions for Instrumentation)总线诞生于 1987 年，它可以视为对 GPIB 总线、VME 总线以及欧式板(Eurocard)标准的扩展和发展，是由国际 5 家著名的测试和仪器公司 Colorado、Data Systems、HP、Racal Data、Tektronix 和 Wavetek 联合推出的。1992 年，VXI 总线几经修改和完善后被 IEEE 接纳为 IEEE-1155-1992 标准。VXI 总线的开发是为了满足便携式应用的要求，而且它提供了一个标准的模块结构，这种结构既可集成于 GPIB 的测试系统中，也可单独构成测试系统。VXI 总线一经发布，许多仪器生产厂商都加入了 VXI Plug&Play(VXI 即插即用)联盟。

VXI 总线技术从电磁干扰、冷却通风功率耗散等方面，弥补了 PC 平台无统一插卡物理结构、机箱结构不利于散热和插卡接触可靠性差等缺陷，并增大了模块的间距及模块间的通信规程、配置、存储器定位和指令等，为电子仪器提供了一个开放式结构。与 GPIB 相比，VXI 总线具有多方面的优势：①数据传输速度快，VXI 总线是一种 32 位并行方式的内总线，总线背板的数据传输速率理论上可以达到 40 Mb/s，一般不会成为数据传输的瓶颈；②可支持构建更庞大的系统，VXI 仪器系统最多可连接 256 个器件；③体积小型化，结构紧凑，VXI 总线采用了模块化设计，对模块及主机箱的尺寸都做了严格规定，使系统尺寸明显缩小，易于携带。此外，VXI 仪器系统还具有互操作性好、数据传输速率高、可靠性高、体积小、重量轻、可移动性好等特点。目前看来,VXI 总线的主要劣势在于其造价比较高,价格昂贵,这限制了不少用户。

VXI 总线技术的出现是测控领域的又一次革命性的发展和变革,它对传统仪器、卡式仪器性能、速度、体积、使用便捷程度、升级容易程度以及人们对仪器的认识观念上,都进行了改革和创新。它代表了 21 世纪测控技术发展的新方向,并由此推动了"虚拟仪器""软件就是仪器""网络就是仪器"等概念的发展。VXI 总线测试系统很好地实现了虚拟仪器概念,并对推动虚拟仪器的发展发挥着巨大作用。

目前,世界上生产 VXI 产品的厂家超过了 100 家,VXI 仪器种类超过了 3000 种,可搭建各种不同的自动测试系统,包括野外使用的便携式测试仪器、远程数据采集应用及高性能数据采集和功能测试系统。以 VXI 总线技术为核心组建的自动测试系统已经在家用冰箱测试、铁路电机测试、环保测试、电力测试、集成电路封装测试、托卡马克等离子体物理试验、汽车燃油泵测试、电梯功能和安全测试等方面得到了较好的应用。在军用方面,以航天测控公司等为代表的 VXI 总线产品开发和系统集成厂商,已经有几十套 VXI 总线自动测试系统应用于导弹、飞船、运载火箭、发动机、飞机、雷达、鱼雷、轻武器、火炮、装甲车和制导炸弹等多个领域的测试中。

11.4.4　PXI 总线

PXI(PCI extensions for Instrumentation,面向仪器系统的 PCI 扩展)总线测试系统模块仪器技术规范由美国 NI 公司于 1997 年 10 月推出。PXI 结合了 PCI(Peripheral Component Interconnection-外围组件互连)的电气总线特性与 CompactPCI(紧凑 PCI)的坚固性、模块化及 Eurocard 机械封装的特性,发展成为适用于试验、测量与数据采集场合的机械、电气和软件规范。制订 PXI 规范的目的是将台式 PC 的性能价格比优势与 PCI 总线面向仪器领域的必要扩展完美地结合起来,形成一种主流的虚拟仪器测试平台。

PXI 继承了 PCI 总线适合高速数据传输的优点,支持 32 位、64 位数据传输,最高数据传输速率可达 132 M/s。同时,也继承了 compactPCI 规范的坚固、模块化等优点,并且增加了适合仪器使用的触发总线、局部总线等硬件特性和关键的软件特性,是用于测量和自动化系统的高性能开发平台

PXI 总线测试系统具有 VXI 总线测试系统传输速度快、体积小、即插即用等诸多优点,而且由于其部件和软件很容易从全世界成千上万的 PC 产品供应商处购得,还具有生产成本低的优点。因此,对于中小规模的自动测量系统,PXI 总线系统是一个高性价比的解决方案。但是,PXI 不适用于大系统,在高端场合尚不能完全代替 VXI。

PXI 技术的应用日益广泛,与传统方案相比,基于 PXI 的自动化测试系统具有成本更低、体积更小、灵活度更高、易于升级等诸多优势。在未来数年内,PXI 设备的性能注定将被大幅提高。PXI 系统的高度灵活性使得它能够适应将来可能出现的新的热点应用,将成为更多的工程师和科学家研发创新的有效工具。

11.5　软测量技术

11.5.1　软测量模型

软测量模型是描述待测量(通常难以直接测量或测量结果滞后的物理量)与辅助变量之间关系的数学模型,可以描述为

$$y = f(x_1, x_2, \cdots, x_m) \tag{11-15}$$

式中: y 为待测量; x_1, x_2, $\cdots$, x_m 为 m 个辅助变量; f 为表示待测量与辅助变量的数学模型,可以是显式的数学函数,也可以是无明确数学形式的神经网络等人工智能模型。

软测量模型是软测量技术的核心,建立合适的模型是实现软测量技术的关键。依据建模方法,软测量模型可分为两大类:一类是机理模型,即依据系统运行机理分析建立的待测量与辅助变量之间的关系模型;另一类被称为数据驱动或基于数据的模型,即运用数据分析方法根据系统运行历史数据建立的软测量模型。对于一些运行机理复杂的非线性系统,数据驱动的建模方法往往更为有效,具体建模方法有非线性回归、人工神经网络、模糊数学、支持向量机等。

无论采用何种方法,软测量模型的建模过程通常都包括辅助变量选择、建立数学模型、模型验证三个基本环节。

11.5.2　辅助变量的选择

辅助变量的选择应基于对对象的机理分析和对实际工况的了解,由被测对象的特性和待测变量的特点决定,同时在实际应用中还应考虑经济性、可靠性、可行性以及维护性等其他因素的制约。辅助变量的选择一般应遵守以下原则:

(1)易于测量。辅助变量应该在工程上易于在线获取,并且测量精度满足一定的要求。

(2)与待测变量关系密切。辅助变量应选用与待测变量静态/动态特性相近且有密切关联的可测参数。

(3)尽可能全面覆盖待测变量的影响因素。选择辅助变量时应尽可能把影响待测变量的多种因素考虑在内,理论上讲,建模中忽略的影响因素越多,模型可能达到的最高精度就越低。

(4)待测变量的个数应尽可能少。在保证辅助变量集信息量不变的条件下,辅助变量个数越少,软测量模型的建模效率就会越高,模型的泛化性能也会越强。

以上原则中的(3)和(4)事实上存在一定的矛盾,这一矛盾也是软测量建模需要重点考虑和处理的。在实际建模过程中应基于对对象的机理和实际工况的分析予以平衡。例如,可以根据机理分析先确定与待测变量有因果关系的所有可测变量,然后,再分析这些可测变量之间的相关性以及它们各自的动态变化情况,从而剔除一些基本恒定或与其他辅助变量强相关的变量。

当待测变量与其他可测变量作用机理、因果关系不明确时,通常可以采用相关性分析等数据分析方法,通过分析各可测变量与待测变量的相关性,初步确定辅助变量,并根据模型验证效果调整辅助变量。

11.5.3 基于机理的软测量建模方法

基于机理的软测量建模方法建立在对被测对象工艺机理的深刻认识上,运用化学反应动力学、物料平衡、能量平衡等原理对被测对象进行机理分析,据此将待测变量与可测的辅助变量之间的关系描述为数学模型。对于工艺机理较为清楚的被测对象,能构造出性能较好的软测量模型。该方法具有简单可靠、工程背景清晰和便于实际应用的特点,在工程应用中应该是首选方法。但是对于机理研究不充分、尚不完全清楚的复杂对象(例如一些复杂的工业过程),运用该方法难以建立合适的模型,通常需要与其他方法相结合才能实现软测量。被测对象种类繁多,其运行机理更是千差万别,因此,基于机理的建模方法必须针对具体对象,并无通用方法。

11.5.4 基于数据的软测量建模方法

基于数据的建模方法避开了复杂的机理分析,而直接从数据中探索被测对象的变量间的关系,是目前软测量领域的研究重点,常用的建模方法如下。

(1)回归分析方法

回归分析分为线性回归分析和非线性回归分析两大类,有多种具体实现方法。其中,基于最小二乘原理的一元和多元线性回归技术简单实用,发展成熟,是工程中最常用的方法之一。对于辅助变量较少的情况,利用多元线性回归中的逐步回归技术可以得到较理想的软测量模型;对于辅助变量较多的情况,通常要借助机理方法得到变量组合的基本假定,然后再采用逐步回归的方法排除不重要的变量组合,从而得到软测量模型参数。该方法的缺点是在建模前需要先确定模型结构,模型结构对最终建模效果影响较大,而目前尚无确定模型结构的通用方法。

(2)人工神经网络方法

人工神经网络是一种人工智能建模方法。即利用人工神经网络具有的自学习、联想记忆、自适应和非线性逼近等功能,将辅助变量作为人工神经网络的输入,而主导变量则作为网络的输出,通过网络的学习来解决不可测变量的软测量问题。通过学习而生成的人工神经网络即为软测量模型。该方法近年来发展很快,应用范围很广泛,可在不具备对象的先验知识的条件下建模,并能适用于高度非线性和不确定性系统,是解决复杂系统参数的软测量问题的一条有效途径,具有巨大的潜力和工业应用价值。但是需要注意的是,在实际应用中,网络训练样本的数量和质量、学习算法、网络的拓扑结构和类型等的选择对所构成软仪表的性能都有重大影响。

(3)模糊数学方法

模糊数学也是一种人工智能建模方法,它能模仿人脑的逻辑思维特点,是处理复杂信息的有效手段。用模糊数学方法建立的软测量模型是一种知识性模型。近来该方法得到了较多的应用，特别适用于复杂工业过程中被测对象呈现亦此亦彼的不确定性从而难以用常规数学定量描述的场合，在实际应用中常和人工神经网络和模式识别技术等相结合，以提高软测量的效能。

基于数据的建模方法很多，除了以上介绍的之外，还有很多，此处不再一一赘述。需要说明的是，运用这些数据驱动的建模方法时，通常需要对数据进行标准化处理。原因在于，各辅助变量的物理意义和量纲不同，取值相差巨大，在此情况下，如果不进行数据的标准化处理可能会导致所谓的"大数吃小数"的现象，即小数量级的变量的影响被大数量级变量淹没。自标准化是常用的标准化方法，就是对各变量的取值分别进行整体平移和缩放，使所有变量的均值和标准偏差对应相等，通常使所有变量均值均为 0，标准偏差均为 1。

11.5.5 软测量模型的校正与维护

被测对象在运行过程中，随着内外环境条件的变化，其对象特性和工作点不可避免地要发生变化和漂移。在软测量技术的应用过程中，必须对软测量模型进行校正和维护。为实现软测量模型在长时间运行过程中的自动更新和校正，大多数软测量系统均设置有一个软测量模型评价软件模块。该模块先根据实际情况做出是否需要模型校正和进行何种校正的判断，然后再自动调用模型校正软件对软测量模型进行校正。

软测量模型的校正主要包括软测量模型结构优化和模型参数修正两方面。大多数情况下，一般仅修正软测量模型的参数。若系统特性变化较大，则需对软测量模型的结构进行修正优化，较为复杂，需要大量的样本数据和较长的时间。

在校正数据方便在线获取的情况下，软测量模型的校正一般不会有太大的困难。但是在大多数实际应用场合，由于软测量技术的应用对象大多是依据现有检测仪表难以有效直接测量的困难参数，因此软测量模型的校正较为困难。另外，软仪表校正数据的获取以及校正样本数据与过程数据之间在时序上的匹配等也是必须重视的问题。

思考题与习题

1. 什么是智能仪表？它有什么特点？
2. 什么是软测量？它与传统的测量技术相比有什么特点？
3. 比较分析微机内置式智能仪表（通常称为智能仪表）和微机扩展式智能仪表（虚拟仪表）的异同。
4. 智能仪表如何实现自校准？
5. 目前智能仪表在用的总线技术有哪些？各有什么特点？
6. 简述软测量模型的建模过程。
7. 分析软测量模型的适用条件。

参考文献

[1] 方修睦. 建筑环境测试技术[M]. 第三版. 北京：中国建筑工业出版社，2016.

[2] 俞小莉，严兆大. 热能与动力工程测试技术[M]. 第三版. 北京：机械工业出版社，2018.

[3] 董惠，邹高万等. 建筑环境测试技术[M]. 北京：化学工业出版社，2009.

[4] 吕崇德. 热工参数测量与处理[M]. 第二版. 北京：清华大学出版社，2001.

[5] 赵庆国，陈永昌，夏国栋等. 热能与动力工程测试技术[M]. 北京：化学工业出版社，2006.

[6] 周明昌，闫洁，刘敬威. 检测与计量[M]. 北京：化学工业出版社，2004.

[7] 刘玉长. 自动检测和过程控制[M]. 北京：冶金工业出版社，2016.

[8] 张宏建，蒙建波. 自动检测技术与装置. 北京：化学工业出版社，2004.

[9] 刘玉长. 自动检测与仪表[M]. 北京：冶金工业出版社，2016.

[10] 张师帅. 能源与动力工程测试技术[M]. 武汉：华中科技大学出版社，2018.

[11] 康灿，代翠，梅冠华，等. 能源与动力工程测试技术[M]. 北京：科学出版社，2016.

[12] 王魁汉. 温度测量实用技术. 北京：机械工业出版社，2007.

[13] 秦允豪. 热学[M]. 北京：高等教育出版社，2012.

[14] 杜水友. 压力测量技术及仪表[M]. 北京：机械工业出版社，2005.

[15] 王俊杰. 检测技术与仪表[M]. 武汉：武汉理工大学出版社，2002.

[16] 王池，王自和，张宝珠，孙淮清. 流量测量技术全书[M]. 北京：化学工业出版社，2012.

[17] 盛森芝，徐月亭，袁辉靖. 热线热膜流速计[M]. 北京：中国科学技术出版社，2003.

[18] 中华人民共和国国家计量检定规程. JJG 518—1998 皮托管. 北京：中国计量出版社，1998.

[19] 张子慧. 热工测量与自动控制. 北京：中国建筑工业出版社，1996.

[20] 中华人民共和国建筑工业行业标准. JG/T 3016-94. 建筑用热流计. 北京：中国标准出版社，1994.

[21] 中华人民共和国国家计量检定规程. JJG225—2001. 热能表. 北京：中国计量出版社，2002.

[22] 中华人民共和国国家标准. GB/T 32224—2015. 热量表. 北京：中国质检出版社，2016.

[22] 陈刚. 建筑环境测量[M]. 第二版. 北京：机械工业出版社，2012.

[23] 宋广生. 室内环境质量评价及检测手册[M]. 北京：机械工业出版社，2002.

[24] 贺启环. 环境噪声控制工程[M]. 北京：清华大学出版社，2011.

[25] 吴慧山、梁树红，等. 氡测量及实用数据. 北京：原子能出版社，2001.

[26] 中华人民共和国国家标准. GB 3095—2012. 环境空气质量标准[M]. 北京：中国环境科学出版社，2012.

[27] 中华人民共和国国家标准. HJ 618—2011. 环境空气 PM10 和 PM2.5 的测定重量法. 北京：中国环境科学出版社，2012.

[28] 北京照明学会照明设计专业委员会. 照明设计手册[M]. 第二版. 北京：中国电力出版社，2006.

[29] 中华人民共和国国家计量检定规程. JJG 245—2005. 光照度计. 北京：中国计量出版社，2005.

[30] 中华人民共和国国家计量检定规程. JJG 211—2005. 亮度计. 北京：中国计量出版社，2005.

[31]孙亚飞, 陈仁文, 周勇, 龚海燕. 测试仪器发展概述[J]. 仪器仪表学报, 2003, 24(5): 480-484, 489.

[32]谭维兵, 赵伟. 试论智能仪器新定义[J]. 电测与仪表. 2012, 49(557): 1-5.

[33]常太华, 李江, 苏杰, 王秀荣. 现场总线及现场总线智能仪表的发展[J]. 仪表技术与传感器, 1999 (2): 15-18, 30.

[34]潘立登, 李大宇, 马俊英. 软测量技术原理与应用[M]. 北京: 中国电力出版社, 2009.

[35]赵茂泰. 智能仪器原理及应用[M]. 北京: 电子工业出版社, 2015.

[36]阎芳, 郭奕崇, 刘军. 虚拟仪器与数据采集[M]. 北京: 机械工业出版社, 2015.